DEUTSCHE AKADEMIE DER WISSENSCHAFTEN ZU BERLIN

Veröffentlichungen der Sternwarte in Sonneberg

Band 1
Nummer 4

H. Schneller

Eine einfache Methode zur Bestimmung der Systemkonstanten bei Bedeckungsveränderlichen

Akademie-Verlag GmbH · Berlin 1949

H. Schneller: Eine einfache Methode zur Bestimmung der Systemkonstanten bei Bedeckungsveränderlichen

Veröffentlichungen der Sternwarte in Sonneberg · Band 1, Nr. 4

DEUTSCHE AKADEMIE DER WISSENSCHAFTEN ZU BERLIN

Veröffentlichungen der Sternwarte in Sonneberg

Band 1

Nummer 4

H. Schneller

Eine einfache Methode zur Bestimmung der Systemkonstanten bei Bedeckungsveränderlichen

Akademie-Verlag GmbH · Berlin 1949

Erschienen im Akademie-Verlag GmbH., Berlin NW 7, Schiffbauerdamm 19
Lizenz-Nr. 156 · 2546/48 — 714/48
Druck: Julius Beltz, Langensalza · Genehmigt für L.-Nr. 66
Bestell- und Verlagsnummer: 2006/1/4
Preis: 7,25 DM

Zusammenstellung der Bezeichnungen

ϑ Phasenwinkel, das ist die Länge in der Bahn derjenigen Komponente mit der geringeren Flächenhelligkeit. Die Länge 0° fällt mit dem Hauptminimum zusammen.

i die Neigung der Bahnebene gegen die Tangentialebene, die gleichzeitig die Projektionsebene ist.

r_g Radius der (linear) größeren Komponente.

r_k Radius der (linear) kleineren Komponente.

r wird in Einheiten des Bahnradius a ausgedrückt.

k das Radienverhältnis: r_k/r_g.

δ der scheinbare Abstand der Scheibenmitten in Einheiten von r_g.

p der scheinbare Abstand der Mitte der kleineren Scheibe vom Rand der großen in Einheiten von r_k.

α die jeweils in der partiellen Phase bedeckte Fläche in Einheiten von $r_k^2\pi$.

α_0 die im Minimum bedeckte Fläche in Einheiten von $r_k^2\pi$.

l Helligkeit an einer beliebigen Stelle der partiellen Phase.

λ Helligkeit im Minimum; λ_H Hauptminimum, λ_N Nebenminimum.

H Helligkeit des Systems.

L Gesamthelligkeit einer Komponente.

J Flächenhelligkeit.

γ Verhältnis der Flächenhelligkeiten.

r, r' große und kleine Achse der ellipsoidisch geformten Komponenten. r ist die in der Bahnebene liegende Achse, die nach dem Zentrum der anderen Komponente weist, r' ist die in der Bahnebene liegende und zu r senkrechte Achse. Die auf der Bahnebene senkrecht stehende Achse bleibt photometrisch unbestimmbar.

ε die numerische Exzentrizität, $\varepsilon^2 = \frac{r^2 - r'^2}{r^2}$.

z effektive Elliptizität, $z = \varepsilon^2 \sin^2 i$.

Ableitung der neuen Methode

Die von Russell ausgearbeitete Methode [1] und die später von anderen Autoren mitgeteilten Modifizierungen zur Bestimmung von Systemkonstanten bei Bedeckungsveränderlichen gehen sämtlich von der Grundgleichung

$$\cos^2 i + \sin^2 i \sin^2 \vartheta_n = r_g^2 \delta_n^2,$$

die wir in der Form

$$1 - \sin^2 i \cos^2 \vartheta_n = r_g^2 \delta_n^2 \quad \ldots\ldots\ldots\ldots \quad (1)$$

schreiben, aus.

Für die folgenden Ausführungen sind nur die von FETLAAR [2] und die von HETZER [3] gegebenen Modifikationen von Wichtigkeit; deshalb sei der Inhalt dieser Arbeiten, soweit er für das Verständnis des Nachfolgenden nötig ist, wiederholt.

In allen drei Methoden wird zuerst die Grundgleichung (1) für drei Punkte der partiellen Phase aufgestellt:

$$1 - \sin^2 i \cos^2 \vartheta_1 = r_g^2 \delta_1^2 \quad \text{(1a)}$$

$$1 - \sin^2 i \cos^2 \vartheta_2 = r_g^2 \delta_2^2 \quad \text{(1b)}$$

$$1 - \sin^2 i \cos^2 \vartheta_3 = r_g^2 \delta_3^2 \quad \text{(1c)}$$

RUSSELL und HETZER bleiben bei dieser Form und erhalten durch Subtraktion und Division schließlich die Gleichung

$$\frac{\cos^2\vartheta_2 - \cos^2\vartheta_1}{\cos^2\vartheta_2 - \cos^2\vartheta_3} = \frac{\delta_1^2 - \delta_2^2}{\delta_3^2 - \delta_2^2} \quad (2)$$

FETLAAR hingegen ersetzt δ durch $1 + pk$. Die Größe p stellt somit den Abstand des Mittelpunkts der kleineren Komponente vom Rand der größeren dar; Einheit ist der Radius der kleineren Komponente. Durch diese Substitution erhält FETLAAR das Radienverhältnis explizit. Die Grundgleichungen, für drei Punkte der partiellen Phase aufgestellt, lauten dann:

$$1 - \sin^2 i \cos^2 \vartheta_1 = r_g^2 (1 + kp_1)^2 \quad \text{(1a')}$$

$$1 - \sin^2 i \cos^2 \vartheta_2 = r_g^2 (1 + kp_2)^2 \quad \text{(1b')}$$

$$1 - \sin^2 i \cos^2 \vartheta_3 = r_g^2 (1 + kp_3)^2. \quad \text{(1c')}$$

Aus diesen drei Gleichungen erhält man schließlich, ähnlich wie oben, den Ausdruck:

$$k = -2\,\frac{(\cos^2\vartheta_2 - \cos^2\vartheta_1)(p_3 - p_2) - (\cos^2\vartheta_2 - \cos^2\vartheta_3)(p_1 - p_2)}{(\cos^2\vartheta_2 - \cos^2\vartheta_1)(p_3^2 - p_2^2) - (\cos^2\vartheta_2 - \cos^2\vartheta_3)(p_1^2 - p_2^2)} \quad (2')$$

Bei der Lösung der Gleichungen (2) und (2') gehen die Wege der drei Autoren auseinander.

RUSSELL hält bekanntlich zwei Werte von ϑ fest; dadurch ergibt sich die Möglichkeit, die rechte Seite der Gleichung (2) in Abhängigkeit von k und α zu tabulieren. Für den Fall totaler Bedeckung hat RUSSELL eine Tafel $[\psi(k, \alpha)]$ gerechnet, mit deren Hilfe für jedes α und damit für jede Stelle der partiellen Phase mit Ausnahme der festgehaltenen Punkte die Bestimmung des Wertes k möglich ist. Zur Kritik dieser Methode siehe FETLAAR [2]. Im Fall partieller Bedeckung wählt RUSSELL einen anderen Weg; diese Untersuchung interessiert hier nicht.

HETZER setzt

$$\frac{\cos^2\vartheta_2 - \cos^2\vartheta_1}{\cos^2\vartheta_2 - \cos^2\vartheta_3} = \frac{\delta_1^2 - \delta_2^2}{\delta_3^2 - \delta_2^2} = C$$

und schreibt dann die Gleichung in der Form:

$$\delta_1^2 - (C + 1)\,\delta_2^2 + C\,\delta_3^2 = 0. \quad (2'')$$

Anm. Die drei Punkte 1, 2, 3 treten in den Originalarbeiten in verschiedener Reihenfolge auf. Das Resultat ist jedoch gegenüber einer Änderung der Reihenfolge invariant.

Die Gleichung (2'') wird nur dann identisch gleich null sein, wenn die dem tatsächlichen k entsprechenden Werte von δ in (2'') eingesetzt werden. Entspricht das zugrunde gelegte k nicht dem wahren, dann wird gelten:

$$\delta_1^2 - (C + 1)\,\delta_2^2 + C\,\delta_3^2 = \varepsilon\,, \quad (3)$$

wo $|\varepsilon|$ um so kleiner wird, je richtiger die Wahl von k war.

HETZER löst nun noch die Aufgabe, aus ε den Betrag Δk zu bestimmen, der an das gewählte k' anzubringen ist, um k zu erhalten: $k' + \Delta k = k$. Die Rechnung ist solange zu wiederholen, bis $\Delta k = 0$ ist. Die zur Berechnung von ε und Δk nötigen Faktoren hat HETZER neben δ in Abhängigkeit von α und k in Intervallen von 0.01 in beiden Argumenten tabuliert. Um einen der Wahrheit möglichst nahekommenden Wert von k zu erhalten, wird die Rechnung für mehrere Punktetripeln zu wiederholen sein, was bei der Einfachheit der Formeln nur eine geringe Arbeit bedeutet; die Hauptarbeit ist dabei die doppelte Interpolation der meistens drei Werte δ, U und X aus den Tafeln, die HETZER seiner Arbeit beigibt.

Einen etwas anderen Weg zur Bestimmung von k beschreitet FETLAAR, indem er die Einzelwerte, die RUSSELL und HETZER den Rechnungen zugrunde legen, durch Mittelbildung ersetzt. Dadurch wird erreicht, daß ein großer Teil der partiellen Phase gleichzeitig wirksam wird. Dazu wird der zwischen $\alpha = 0.25$ und $\alpha = 0.95$ liegende Teil der Lichtkurve in drei Teilbereiche aufgespalten derart, daß der erste die 6 Punkte für $\alpha = 0.25$, 0.30, 0.35, 0.40, 0.45 und 0.50, der zweite die 5 Punkte $\alpha = 0.55$, 0.60, 0.65, 0.70, 0.75 und der dritte die Punkte $\alpha = 0.80$, 0.85, 0.90 und 0.95 enthält.

Es ist also

$$\overline{\cos^2\vartheta_I} = \frac{\cos^2\vartheta_{0.25} + \ldots\ldots + \cos^2\vartheta_{0.50}}{6}, \quad \ldots \ldots \ldots \ldots (4)$$

$$\overline{p_I} = \frac{p_{0.25} + \ldots\ldots + p_{0.50}}{6} \quad \text{usw.} \quad \ldots \ldots \ldots \ldots (5)$$

Zur bequemeren Handhabung dieser Methode hat FETLAAR die Werte $\overline{p}$ und $\overline{p^2}$ tabuliert. Da diese jedoch offensichtlich aus den dreistelligen RUSSELLschen Tafeln [1] abgeleitet sind, ist die vierte Stelle, die FETLAAR mit aufführt, ohne jede Bedeutung. Auch hier muß, wie bei HETZER, das Radienverhältnis durch mehrmalige Versuche, die stets eine Wiederholung der ganzen Rechnung bedeuten, aufgesucht werden.

Fassen wir die Vorteile und die Nachteile der einzelnen Methoden nochmal kurz zusammen: Bei RUSSELL erhalten wir k gleich als das Mittel, dessen Einzelwerte mittels der aus der Lichtkurve gewonnenen Größen $\psi(k, \alpha)$ der entsprechenden Tafel zu entnehmen sind. Nachteilig jedoch wirkt sich dabei aus, daß die einzelnen Gebiete der Lichtkurve mit verschiedenem Gewicht ins Resultat eingehen und zwar gerade der beste Teil mit geringerem Gewicht [2].

HETZER vermeidet diesen Nachteil, da er die Wahl der Punkte freiläßt; zur Erhöhung der Genauigkeit ist es jedoch dann nötig, die Rechnung mit den häufigen Interpolationen für meistens drei verschiedene Funktionswerte für jeden einzelnen Punkt zu wiederholen.

Der große Vorteil der FETLAARschen Methode ist die Erfassung weiter Teile der Lichtkurve durch Mittelbildung. Da jedoch FETLAAR $\delta^2 = (1 + kp)^2$ setzt, wird die Formel (2') für k recht umständlich, zumal dann, wenn es sich um ellipsoidische Sterne handelt ([2], S. 52, Gleichung 7*; in dieser Formel muß der erste Faktor im Zähler $\overline{B_3}$ und nicht $\overline{B_1}$ heißen). Auch hier ist k nur durch Versuche zu ermitteln, die stets eine Wiederholung der ganzen Rechnung erfordern.

Ich versuchte nun eine Berechnungsart ausfindig zu machen, die einmal den Vorteil der FETLAARschen Methode aufweist, der in der gleichmäßigen Erfassung eines großen Bereichs der partiellen Phase besteht, zum andern aber die umständliche Berechnung, die durch das Auftreten der $\bar{p}$ und der $\bar{p}^2$ als Faktoren der Glieder eines Aggregates verursacht ist, vermeidet.

Eine mit dieser Eigenschaft behaftete Formel ist leicht aufzustellen, wenn man die Substitution $\delta^2 = (1 + pk)^2$ unterläßt und sogleich auf Gleichung (2) das Fetlaarsche Verfahren anwendet. Die Größen dieser Gleichung mit den Indizes 1, 2, 3 beziehen sich dann nicht mehr auf drei verschiedene Punkte, sondern auf die Mittelwerte der drei Teilbereiche. Zum Unterschied gegen die sich auf die Punkte beziehenden Indizes schreiben wir die sich auf die Teilbereiche beziehenden Indizes mit römischen Ziffern. Während bei Fetlaar, wie schon bemerkt, die Differenzen der $\bar{p}$ und $\bar{p}^2$ als Faktoren der Glieder eines Aggregates auftreten, stehen hier auf der rechten Seite der Gleichung im Zähler und im Nenner nur die Differenzen der $\overline{\delta^2}$; dieser Umstand ermöglicht daher die Tabulierung der ganzen rechten Seite der Gleichung, die nun lautet:

$$\frac{\overline{\cos^2\vartheta_{II}} - \overline{\cos^2\vartheta_{I}}}{\overline{\cos^2\vartheta_{II}} - \overline{\cos^2\vartheta_{III}}} = \frac{\overline{\delta_I^2} - \overline{\delta_{II}^2}}{\overline{\delta_{III}^2} - \overline{\delta_{II}^2}} = q\,(k, \bar{\alpha}). \qquad (6)$$

Zur bequemen Auswertung von (6) ist eine Tabelle enthaltend die Werte $q\,(k, \bar{\alpha})$ beigegeben. Die Grundlage der Berechnung bildete die von Hetzer hergestellte Tafel der δ-Werte [3]. Für $\alpha_0 = 1$, das heißt im Fall totaler oder ringförmiger Bedeckung, können die Werte für δ mit den vorgegebenen Argumenten von k und α sogleich den Tafeln entnommen werden. Im Fall partieller Bedeckung lauten die zur Entnahme der δ nötigen Argumente k und $n \cdot \alpha_\theta$. Die zu diesen Argumenten gehörigen Werte wurden aus Hetzers Tafeln durch Interpolation erhalten. In unserer Tafel sind dann die $q\,(k, \bar{\alpha})$ für jedes Hundertstel zwischen 0.10 und 1.00 in k und für jedes fünfte Hundertstel zwischen 0.30 und 1.00 in α_0 zu finden. Die numerischen Beträge der Funktion $q\,(k, \bar{\alpha})$ sind stets negativ; in der Tabelle I ist daher das Vorzeichen weggelassen worden.

Die Grenzen in k und α_0 wurden auf Grund folgender Überlegung gewählt: Die zu erwartende Amplitude hängt in erster Linie von den drei Größen α_0, k und γ ab. Berücksichtigen wir, daß im Hauptminimum stets die Komponente mit der größeren Flächenhelligkeit bedeckt wird, dann erhalten wir dessen Amplitude aus der Formel

$$A_H = 2.5 \log \frac{1 + k^2\gamma}{1 + k^2\gamma - k^2\gamma\,\alpha_0} \qquad (7)$$

Für das Nebenminimum erhalten wir

$$A_N = 2.5 \log \frac{1 + k^2\gamma}{1 + k^2\gamma - k^2\alpha_0} \qquad (8)$$

α_0	$\gamma = 1$	$\gamma = 100$
	$k = 0.1$	
0.30	0ᵐ.003	0ᵐ.176
0.50	0.005	0.312
	$k = 1.0$	
0.30	0ᵐ.176	0ᵐ.382
0.50	0.312	0.742

Die auf Grund der Gleichung (7) berechneten und hier interessierenden Größen sind in der nebenstehenden Tabelle zusammengestellt.

Für $k = 0.1$ ist die Ausdehnung der Tafel in α_0 bestimmt ausreichend, für $k = 1.0$ ist bei $\alpha_0 = 0.30$ die Amplitude des Hauptminimums noch durchaus merklich. Es ist jedoch zu bedenken, daß mit wachsendem γ das Nebenminimum immer kleiner wird, wodurch eine Lösung schon durch diesen Umstand immer unsicherer wird. Da diese Systeme doch meist eine Spezialbehandlung erfahren, dürfte auch für $k = 1.0$ die Grenze $\alpha_0 = 0.30$ ausreichend sein. Im übrigen ist die etwaige Erweiterung der Tafel unter 0.30 die Arbeit weniger Stunden. Für $\alpha_0 = 0.30$ und $k = 0.10$ ist aber die Amplitude stets so klein, daß eine Bestimmung von k aus dem Verlauf der partiellen Phase nicht mehr möglich ist. Bei so kleinen Amplituden ist nur dann wieder eine Lösung angebbar und zwar durch spektralenergetische Betrachtungen, wenn α_0 wieder 1 wird [5, 6, 7]. Diese Überlegungen zeigen, daß der Bereich der Tafelargumente in k und α_0 ausreichend ist.

Hetzers Tafelwerte der δ sind vierstellig gegeben, wobei Hetzer den Fehler auf 0.6 Einheiten der vierten Stelle angibt. Damit kann im ungünstigsten Fall der Fehler 4.8 Einheiten der vierten Stelle in δ^2 betragen. Daraus ersieht man sogleich, daß es keinen Sinn hat, vier Stellen von $q(k, \overline{\alpha})$ anzugeben, solange die Werte von δ selbst nur vierstellig vorliegen. Ich habe daher die numerischen Beträge der $q(k, \overline{\alpha})$ auf drei Stellen abgekürzt und sie durch Diffferenzenbildung auf ihre Richtigkeit geprüft. Dabei läßt sich für kleine k und α ein Fehler von einigen Einheiten der 3. Stelle nicht vermeiden.

Es bleiben nun noch die Größen r_g und i zu bestimmen, die wir auch zur Ableitung der theoretischen Lichtkurve benötigen.

Wir gehen wieder von der Grundgleichung (1) aus, brauchen sie aber jetzt, da k bereits bekannt ist, nur auf zwei Punkte der partiellen Phase anzuwenden. Einmal nach r_g^2, das andere Mal nach $\sin^2 i$ aufgelöst, ergibt:

$$r_g^2 = \frac{\cos^2\vartheta_2 - \cos^2\vartheta_1}{\delta_1^2\cos^2\vartheta_2 - \delta_2^2\cos^2\vartheta_1} \quad \text{(9')}$$

$$\sin^2 i = \frac{\delta_1^2 - \delta_2^2}{\delta_1^2\cos^2\vartheta_2 - \delta_2^2\cos^2\vartheta_1} \quad \text{(10')}.$$

Man beachte, daß beide Formeln gleiche Nenner besitzen; dies erleichtert die Berechnung der beiden Größen r und i bedeutend. Man wird die Rechnung mit mehreren, möglichst weit auseinander liegenden, Punktepaaren wiederholen und als endgültigen Wert das Mittel aus allen Bestimmungen wählen. Die zur Berechnung dienenden Punkte entnimmt man vorteilhafterweise der Tabelle, die zur Bestimmung von k diente, da diese Tabelle bereits die Größen von $\cos^2\vartheta$ enthält.

Statt der Einzelwerte von δ^2 und $\cos^2\vartheta$ kann man auch die Mittelwerte über die Teilbereiche I und III zur Bestimmung von r_g und i heranziehen. Es ist dann:

$$r_g^2 = \frac{\overline{\cos^2\vartheta_{III}} - \overline{\cos^2\vartheta_I}}{\overline{\delta_I^2}\cdot\overline{\cos^2\vartheta_{III}} - \overline{\delta_{III}^2}\,\overline{\cos^2\vartheta_I}} \quad \text{(9'')}$$

und

$$\sin^2 i = \frac{\overline{\delta_I^2} - \overline{\delta_{III}^2}}{\overline{\delta_I^2}\,\overline{\cos^2\vartheta_{III}} - \overline{\delta_{III}^2}\,\overline{\cos^2\vartheta_I}} \quad \text{(10'')}.$$

Die Formeln 9', 9'' und 10', 10'' gelten für totale und partielle Bedeckungen.

Ersetzt man im Fall totaler Bedeckung in den für die zwei Punkte 1 und 2 aufgestellten Grundgleichungen (1) δ_1 durch $(k + 1)$ und δ_2 durch $(k - 1)$, dann bezieht sich ϑ_1 auf den Beginn der Bedeckung, ϑ_2 auf den Beginn der Totalität (also 1. und 2. Kontakt) und die Formeln gehen in die bekannten von Russell ([1], Seite 323) über. Im Fall partieller Bedeckung ist δ_1 durch $(k + 1)$ zu ersetzen, für den Augenblick des Minimums gilt jedoch $\cos i = r_g \delta_2$; die Minimaldistanz in Einheiten des Bahnradius ausgedrückt, ist also gleich dem Cosinus der Neigung.

Damit sind alle Größen bekannt, die wir zur Berechnung der theoretischen Lichtkurve brauchen. Diese bestimmen wir aus der nach $\cos^2 \vartheta_n$ aufgelösten Grundgleichung (1):

$$\cos^2 \vartheta_n = \operatorname{cosec}^2 i - r_g^2 \delta_n^2 \operatorname{cosec}^2 i. \quad \ldots \quad (11)$$

Die Werte von δ_n^2 sind der Tafel II zu entnehmen. Diese Tafel stellt einen Auszug aus Hetzers umfangreicher Tafel [3] dar. Dort ist δ mit $\sqrt{W}$ bezeichnet.

Die Formeln 1 bis 11 gelten für den Fall kreisrunder Scheiben ohne Randverdunkelung. Bei ellipsoidischen Komponenten sind die r_g durch $r_g(1-z\cos^2\vartheta_n)$ zu ersetzen, wobei die effektive Elliptizität nach der von Russell [1] gegebenen Anweisung zu bestimmen ist.

Für ellipsoidische Sterne lautet somit die Grundformel:

$$1-\sin^2 i \cos^2 \vartheta_n = r_g^2 (1-z\cos^2\vartheta_n)\,\delta_n^2 \quad \ldots \quad (\text{E } 1)$$

Aus den partiellen Phasen der rektifizierten Lichtkurve wird k aus folgenden Gleichungen bestimmt:

$$\frac{(\overline{\cos^2\vartheta_{\text{I}}} - \overline{\cos^2\vartheta_{\text{II}}})\,(1-z\,\overline{\cos^2\vartheta_{\text{III}}})}{(\overline{\cos^2\vartheta_{\text{III}}} - \overline{\cos^2\vartheta_{\text{II}}})\,(1-z\,\overline{\cos^2\vartheta_{\text{I}}})} = \frac{\overline{\delta_{\text{II}}^2} - \overline{\delta_{\text{I}}^2}}{\overline{\delta_{\text{II}}^2} - \overline{\delta_{\text{III}}^2}} = q(k,\bar{\alpha}) \quad \ldots \quad (\text{E } 4).$$

Für die Größen r_g und i erhalten wir folgende Ausdrücke, die wieder gleiche Nenner aufweisen:

$$r_g^2 = \frac{\cos^2\vartheta_1 - \cos^2\vartheta_2}{\delta_2^2(1-z\cos^2\vartheta_2)\cos^2\vartheta_1 - \delta_1^2(1-z\cos^2\vartheta_1)\cos^2\vartheta_2} \quad \ldots \quad (\text{E } 9')$$

$$\sin^2 i = \frac{\delta_2^2(1-z\cos^2\vartheta_2) - \delta_1^2(1-z\cos^2\vartheta_1)}{\delta_2^2(1-z\cos^2\vartheta_2)\cos^2\vartheta_1 - \delta_1^2(1-z\cos^2\vartheta_1)\cos^2\vartheta_2} \quad \ldots \quad (\text{E } 10').$$

Die Formeln (E 9′) und (E 10′) gelten für einzelne Punkte der Lichtkurve; wählen wir statt dieser die Mittel aus den Teilbereichen I und III, so erhalten wir:

$$r_g^2 = \frac{\overline{\cos^2\vartheta_{\text{I}}} - \overline{\cos^2\vartheta_{\text{III}}}}{\overline{\delta_{\text{III}}^2}(1-z\,\overline{\cos^2\vartheta_{\text{III}}})\,\overline{\cos^2\vartheta_{\text{I}}} - \overline{\delta_{\text{I}}^2}(1-z\,\overline{\cos^2\vartheta_{\text{I}}})\,\overline{\cos^2\vartheta_{\text{III}}}} \quad \ldots \quad (\text{E } 9'')$$

$$\sin^2 i = \frac{\overline{\delta_{\text{III}}^2}(1-z\,\overline{\cos^2\vartheta_{\text{III}}}) - \overline{\delta_{\text{I}}^2}(1-z\,\overline{\cos^2\vartheta_{\text{I}}})}{\overline{\delta_{\text{III}}^2}(1-z\,\overline{\cos^2\vartheta_{\text{III}}})\,\overline{\cos^2\vartheta_{\text{I}}} - \overline{\delta_{\text{I}}^2}(1-z\,\overline{\cos^2\vartheta_{\text{I}}})\,\overline{\cos^2\vartheta_{\text{III}}}} \quad (\text{E } 10'').$$

Die Formel zur Berechnung der theoretischen Lichtkurve bei ellipsoidischen Sternen lautet schließlich:

$$\cos^2\vartheta_n = \frac{1-r_g^2\,\delta_n^2}{\sin^2 i - r_g^2\,\delta_n^2\,z} \quad \ldots \quad (\text{E } 11)$$

Wenn möglich, wurden die Formeln auf eine für das Maschinenrechnen bequeme Form gebracht.

Anleitung zur Bestimmung von Systemkonstanten bei Bedeckungsveränderlichen

Die Lichtkurve eines Bedeckungsveränderlichen wird durch die im folgenden besprochenen Faktoren bestimmt.

1. Das Radienverhältnis der beiden Komponenten. Es ist $k = \frac{r_k}{r_g}$. k ist somit stets kleiner als eins.
2. Das Verhältnis der Flächenhelligkeiten $\gamma = \frac{J_1}{J_2}$. Da die Zuordnung der J zu den r nicht immer von vornherein bekannt zu sein braucht, unterscheiden wir vorerst die Komponenten durch die unbestimmten Indizes 1, 2. Jedoch wird stets im tieferen Minimum die Komponente mit der größeren Flächenhelligkeit bedeckt sein.
3. Die Größe der im Minimum bedeckten Fläche. Wir bezeichnen sie mit α_0. α_0 ist in Einheiten der kleineren Komponente, also $\pi k^2 r_g^2$ auszudrücken.

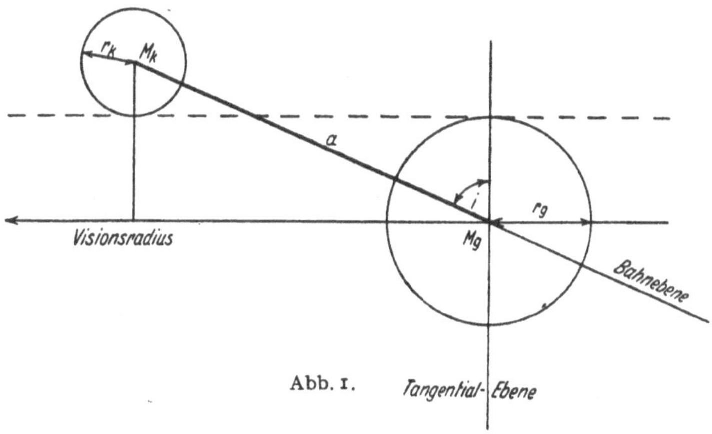

Abb. 1.

4. Die Bahnneigung i. Dies ist der Winkel zwischen der Bahnebene und der Tangentialebene an die Sphäre am Ort des Sterns. Soll also eine Bedeckung zustande kommen, so muß $\cos i \leq \frac{r_g}{a}(1 + k)$ sein. Für eine totale oder ringförmige Bedeckung gilt $\cos i \leq \frac{r_g}{a}(1 - k)$. a ist die große Bahnhalbachse. Siehe Abb. 1.
5. Die Größe der gegenseitigen Bestrahlung.
6. Die Größe der Randverdunkelung.
7. Die Bahnexzentrizität.
8. Die effektive Elliptizität. Die Figur beider Komponenten wird als ähnlich vorausgesetzt.
9. Eine Librationsbewegung der Komponenten.
10. Eine physische Veränderlichkeit einer oder beider Komponenten.
11. Ein Massenaustausch zwischen den Komponenten.
12. Die mögliche Anwesenheit einer dritten Komponente.

Die unter 1 bis 4 genannten Größen treten stets in Erscheinung. Die unter 5 bis 12 genannten Größen können die Lichtkurve verändernd hinzukommen.

Die Länge der Periode ist an sich ohne Einfluß auf die Form der Lichtkurve, ihre Kenntnis ist aber für die Konstruktion der Lichtkurve aus den Beobachtungen erforderlich. Es empfiehlt sich schließlich, die Länge der Periode gleich eins zu setzen.

An dieser Stelle sei noch auf folgendes dringlichst aufmerksam gemacht: Die Möglichkeit aus einer Lichtkurve eines Bedeckungsveränderlichen dessen Systemkonstanten zu bestimmen, steht und fällt mit der Richtigkeit der angewandten Helligkeitsskala.

Die in den partiellen Phasen einer Algollichtkurve oder einer rektifizierten β Lyrae-Lichtkurve beobachteten Intensitätsminderungen werden proportional der Größe der bedeckten Fläche gesetzt. Es ist daher streng zu fordern, daß die Maßzahlen der Intensitäten diesen genau proportional sind. In der Astronomie werden die Intensitäten in Größenklassen ausgedrückt, deren Definitionsgleichung lautet:

$$\frac{B_1}{B_2} = (\sqrt[5]{100})^{m_2 - m_1} = 10^{0.4\,(m_2 - m_1)} = 2.512^{(m_2 - m_1)}$$

$$\log \frac{B_1}{B_2} = 0.4\,(m_2 - m_1); \qquad 2.5 \log B = \Delta m$$

Bei visuellen Beobachtungen ist die Beleuchtungsstärke B eines Sterns gleich $\frac{\text{Lichtstärke des Sterns}}{(\text{Abstand des Sterns})^2}$.

Dieser Forderung bei visuellen Beobachtungen zu genügen, ist ziemlich schwierig. Das häufig geübte Verfahren, die Vergleichsternhelligkeiten durch eine Ausgleichung zwischen der beobachteten Stufenskala und den irgendeinem visuellen Katalog entnommenen Helligkeiten zu bestimmen, hat keineswegs eine nach obiger Definition geforderte Skala zum Resultat. Visuelle Messungen mit einem Nikolprisma oder einem einwandfrei kalibrierten Keil kommen dieser Forderung schon näher oder erfüllen sie. Fehler können hier nur durch den Unterschied der bei den Schätzungen wirksamen und den bei den Messungen der Vergleichsternhelligkeiten ausschlaggebenden isophoten Wellenlängen verursacht werden.

Photographisch sind einwandfreie Vergleichsternhelligkeiten leichter zu erhalten. Das bewährteste Mittel ist das Objektivgitter 1 : 1 oder das Halbgitterverfahren mit nachfolgender objektiver Vermessung der Platten.

Bei lichtelektrischen Messungen ist eine einwandfreie Skala durch die Eigenschaften der Photozelle von vornherein gegeben.

Aus mit Skalenfehlern behafteten Lichtkurven Systemkonstanten ableiten zu wollen, ist sinn- und zwecklos.

Die Forderung nach einer einwandfreien Skala gilt auch für Sternscheiben, die mit einer Randverdunklung behaftet sind, wenn auch hier der Zusammenhang zwischen Helligkeitsverlust und Größe der bedeckten Fläche keine so einfache Funktion mehr ist.

Der Einfluß der 12 Faktoren auf die Gestalt der Lichtkurve ist recht verschieden groß. Den größten Einfluß haben k, γ, α, i und z; geringeren Einfluß die Randverdunklung und die gegenseitige Bestrahlung. Sehr klein ist der Einfluß der Bahnexzentrizität, der Libration und eines eventuellen Massenaustausches. Die Anwesenheit einer dritten, nicht trennbaren Komponente übt einen nicht zu beseitigenden Einfluß aus und vereitelt die Bestimmung der Systemkonstanten.

Wegen des sehr unterschiedlichen Einflusses der Faktoren auf die Form der Lichtkurve wählen wir den von RUSSELL gezeigten Gang der Rechnung: Die Lichtkurve wird nur von den vier Größen k, γ, i und α bestimmt. Um zu einer nur von diesen vier Größen abhängigen Lichtkurve zu gelangen, sind die durch die nicht kugelförmige Gestalt und die durch die gegenseitige Bestrahlung der Komponenten verursachten Modifikationen rechnerisch zu beseitigen oder wie der Terminus in diesem Fall heißt, die Lichtkurve ist zu rektifizieren. Eventuell ist dazu auch noch ein durch die Exzentrizität der Bahn bedingte Gezeitenwirkung (Periastron-Effekt) zu beseitigen. Merkliche Libration und Massenaustausch erfordern stets eine besondere Behandlung.

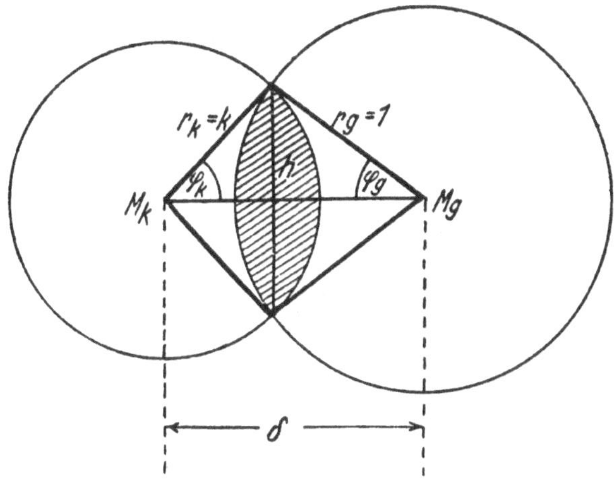

Abb. 2.

Für die im folgenden gegebenen Ableitungen gilt also zunächst: Die Komponenten bewegen sich in einer Kreisbahn, sie sind kugelförmig, ihre Projektionsfiguren also Kreisscheiben. Die Kreisscheiben sind über ihre ganze Oberfläche hin gleich hell, d. h. sie zeigen keine Randverdunklung.

Unter diesen Voraussetzungen benötigen wir zur Lösung des Problems, nämlich aus der Lichtkurve die Systemkonstanten k, γ, α_0 und i zu bestimmen, eine geometrische, eine dynamische und eine photometrische Beziehung zwischen den vier die Lichtkurve bestimmenden Größen.

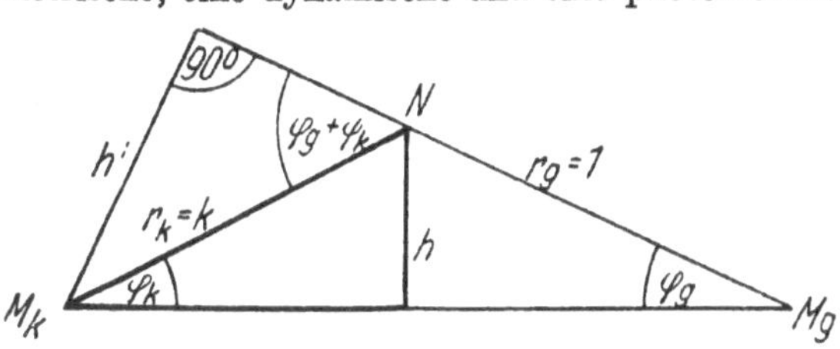

Abb. 3.

1. *Die geometrische Beziehung.* Die beiden Kreise in Abb. 2 mit den Mittelpunkten M_g und M_k stellen die Projektion zweier Komponenten eines Bedeckungsveränderlichen dar, wenn gerade der Betrag α der größeren Scheibe bedeckt ist. Die Größen k, r_g und r_k sind bereits oben erklärt. $2\varphi_k$ und $2\varphi_g$ sind die Zentriwinkel über der gemeinsamen Sehne, deren halber Betrag mit h bezeichnet ist. δ stellt dann den scheinbaren Abstand der Scheibenmitten M_g und M_k dar. α ist schließlich die um das aus den Radien gebildete Viereck verminderte Summe der beiden Sektoren:

$$\alpha \pi k^2 = \frac{\pi}{90^\circ}(\varphi_g + k^2 \varphi_k) - (\sin\varphi_g \cos\varphi_g + k^2 \sin\varphi_k \cos\varphi_k)$$

oder

$$\alpha \pi k^2 = \frac{\pi}{90^\circ}(\varphi_g + k^2 \varphi_k) - k \sin(\varphi_g + \varphi_k) \quad \ldots \ldots \ldots \quad (12).$$

Außerdem gilt nach Abbildung 3: $\delta = \sin(\varphi_g + \varphi_k) / \sin \varphi_k$, denn es ist

$$\sin(\varphi_g + \varphi_k) = \frac{h'}{r_k}, \quad \sin \varphi_k = \frac{h}{r_k} \quad \text{und} \quad \frac{\sin(\varphi_g + \varphi_k)}{\sin \varphi_k} = \frac{h'}{h}.$$

Der doppelte Flächeninhalt des Dreiecks M_g, M_k, N ist: $\delta \cdot h = r_g \cdot h'$,

folglich gilt: $$\frac{\sin(\varphi_g + \varphi_k)}{\sin \varphi_k} = \delta \quad \ldots \ldots \ldots \quad (13).$$

Weiterhin besteht die Beziehung: $\sin \varphi_g = k \sin \varphi_k \ldots \ldots \ldots (14)$.

Die drei geometrischen Beziehungen (12), (13) und (14) ermöglichen den funktionellen Zusammenhang zwischen den Größen α, δ und k zu bestimmen. Für unser Problem ist es wichtig, δ als Funktion von k und α zu kennen. Eine derartige Tafel hat HETZER in seiner Dissertation „Beitrag zu H. N. RUSSELLS Methode der Berechnung der Elemente von Verfinsterungsvariablen unter Voraussetzung von Kreisbahnen und gleichmäßig hellen Sternscheiben (Leipzig, 1931)" gegeben. HETZER bezeichnet unsere Größe δ mit $\sqrt{W}$. Einen ausführlichen Auszug aus dieser wichtigen Tafel bringen wir im Anhang II.

2. *Die dynamische Beziehung.* Soll bei festgehaltenem k die Veränderung von α und damit auch von δ — gegeben durch die Verschiebung der beiden Kreisscheiben — verursacht sein durch die Bewegung zweier Kugeln in einer Kreisbahn mit dem Radius $a = 1$ und der Neigung i, so gilt:

$$a^2 (\cos^2 i + \sin^2 i \sin^2 \vartheta_n) = \delta_n^2 r_g^2 \quad \text{oder}$$

$$1 - \sin^2 i \cos^2 \vartheta_n = \delta_n^2 r_g^2, \quad \ldots \ldots \ldots \quad (1)$$

r_g ist in Einheiten von a auszudrücken.

ϑ ist der Phasenwinkel, er ist aus der Periode abzuleiten. Bezeichnen wir die Umlaufszeit (= Periode) mit P, mit t_E die Zeit der unteren Konjunktion des Sterns mit der geringeren Flächenhelligkeit (also den Zeitmoment des Hauptminimums) und mit T eine beliebige Zeit, setzen wir weiterhin $t_E = t_0 + E \cdot P$, wo $E = 0, 1, 2, 3, 4 \ldots \infty$ sein kann, so wird es stets möglich sein, zwei Werte von t^E, die sich in E nur um 1 unterscheiden, zu bestimmen, daß $t_E < T < t_{E+1}$ ist. Wir bezeichnen dann als Phase die Differenz $T - t_E = \Phi$, und der Phasenwinkel ϑ wird schließlich

$$\vartheta = \frac{2\pi}{P} \cdot \Phi \quad \ldots \ldots \ldots \quad (15)$$

3. *Die photometrische Beziehung.* Die Gesamthelligkeit einer Scheibe (Abb. 2) bezeichnen wir mit L, dann bestehen die Beziehungen:

$$\begin{aligned} \text{für } M_g &: L_g = r_g^2 \pi J_g \\ \text{für } M_k &: L_k = r_k^2 \pi J_k \end{aligned} \quad \ldots \ldots \ldots \quad (16)$$

Die Gesamthelligkeit außerhalb der Bedeckung sei

$$L_g + L_k = 1.$$

Wir suchen eine Beziehung zwischen dem Radienverhältnis, der zur Beobachtungszeit bedeckten Fläche α und dem zur selben Zeit beobachteten Helligkeitsverlust $1 - l$. l ist die in Intensitäten ausgedrückte Helligkeit.

Aus (16) erhalten wir:

$$J_g = \frac{L_g}{r_g^2 \pi} \quad \text{und} \quad J_k = \frac{L_k}{r_k^2 \pi}.$$

Außerdem ist $k^2 = \frac{r_k^2}{r_g^2}$ und $r_g^2 = \frac{r_k^2}{k^2}$, ferner $r_k^2 \pi = 1$.

Daraus erhält man: $J_g = L_g k^2$ und $J_k = L_k$ . . . . (17)

Während der partiellen Phase wird die Helligkeit des Systems sein

a) wenn die Fläche α' von M_k bedeckt ist: $l' = L_g + L_k - \alpha' J_k$ und

b) wenn die Fläche α'' von M_g bedeckt ist: $l'' = L_g + L_k - \alpha'' J_g$.

Oder unter Anwendung von (17):

$$1 - l' = \alpha' L_k \quad \text{und} \quad 1 - l'' = \alpha'' L_g k^2.$$

Für $\Phi_2 - \Phi_1 = \frac{1}{2} P$ gilt $\alpha' = \alpha'' = \alpha$ und somit

$$\text{a) } 1 - l' = \alpha L_k \quad \text{und} \quad \text{b) } 1 - l'' = \alpha L_g k^2 \qquad (18)$$

In (18a) setzen wir $L_k = 1 - L_g$, also $1 - \frac{1-l'}{\alpha} = L_g$ . . . . (19)

Gleichung (19) setzen wir in (18 b) ein und erhalten: $\frac{1 - l''}{k^2} = \alpha - (1 - l')$

und schließlich $(1 - l') + \frac{1 - l''}{k^2} = \alpha$.

Wir wählen nun für l' und l'', die ja nur der Bedingung genügen müssen, daß sie zwei Punkten der partiellen Phasen entsprechen, für die $\Phi_2 - \Phi_1 = \frac{1}{2} P$, d. h. α' gleich α'' ist, die Zeiten der Minima selbst und bezeichnen dann die beobachteten Minimalintensitäten mit λ' und λ'', so erhalten wir:

$$(1 - \lambda') + \frac{1 - \lambda''}{k^2} = \alpha_0. \qquad (20)$$

Es sei besonders hervorgehoben, daß sich $1 - \lambda'$ nicht auf das Hauptminimum zu beziehen braucht, aber wegen der Definition von k muß $1 - \lambda'$ dem Minimum entsprechen, in dem M_k, d. h. die kleinere Komponente bedeckt wird.

An Hand dieser geometrischen, dynamischen und photometrischen Beziehungen ist es möglich, die unbekannten Größen zu ermitteln, wenn eine weitere Beziehung gefunden ist, die den Zusammenhang zwischen der Phase Φ und dem zu dieser Zeit bedeckten Areal ergibt. Wir bezeichnen zwei dem gleichen Minimum angehörige Helligkeiten mit l und l_0, die zu diesen Zeiten bedeckten Flächen mit α und α_0. Es ist genau wie bei (18 a):

$$l = L_g + L_k - \alpha J_k; \quad l_0 = L_g + L_k - \alpha_0 J_k$$

oder

$$1 - l = \alpha J_k \quad \text{und} \quad 1 - l_0 = \alpha_0 J_k,$$

also

$$\frac{1 - l}{1 - l_0} = \frac{\alpha}{\alpha_0}.$$

Für l_0 setzen wir λ, die Helligkeit im Minimum, dieser entspricht die Fläche $\alpha_0 \cdot l$ kann alle Werte zwischen λ und 1 annehmen. Es ist dann schließlich:

$$\frac{1 - l}{1 - \lambda} \cdot \alpha_0 = \alpha. \qquad (21)$$

Somit haben wir die gesuchte Beziehung zwischen α und l gewonnen, und da die zu den Helligkeiten gehörigen Phasen Φ der Lichtkurve entnommen werden können, liefert die Beziehung (21) auch eine solche zwischen α und Φ.

Sind nun drei Punkte der partiellen Phase und beide Minima beobachtet, so lösen ganz allgemein folgende Formeln das Problem:

$$\left.\begin{aligned} 1-\sin^2 i\cos^2\vartheta_1 &= r_g^2\,\delta_1^2 \\ 1-\sin^2 i\cos^2\vartheta_2 &= r_g^2\,\delta_2^2 \\ 1-\sin^2 i\cos^2\vartheta_3 &= r_g^2\,\delta_3^2 \end{aligned}\right\} \quad \ldots\ldots\ldots\ldots \quad (1)$$

$$1-\lambda'+\frac{1-\lambda''}{k^2}=\alpha_0. \quad \ldots\ldots\ldots\ldots \quad (20)$$

Von mehreren Autoren sind verschiedene Wege aufgezeigt worden, wie dieses Formelsystem gelöst werden kann, so von RUSSELL (ApJ. 35.315, 1912; 36.54, 1912), FETLAAR (Utrecht, Rech Astr 9, Teil I, 1923), PIOTROWSKI (AAc 4.1, 1937), HETZER (Diss. Leipzig 1931), diese Arbeit Seite 362 u. a. m.

Die nun folgende Anleitung bedient sich des hier Seite 362 auseinandergesetzten Verfahrens.

Schema zur Berechnung der Systemkonstanten

1. *Gegeben eine reine Algolkurve mit zwei beobachtbaren Minima.*

a. Die beiden Äste der partiellen Phase des Hauptminimums übereinander legen, die Lichtkurve möglichst groß zeichnen.

b. Die beiden Amplituden der Lichtkurve entnehmen und λ_H (Hauptminimum) und λ_N (Nebenminimum) berechnen. $\log\lambda = -0.4$ Amplitude.

c. Für $n = 0.25, 0.30, 0.35 \ldots 0.90$ und 0.95 die l-Werte berechnen.

$$n=\frac{1-l}{1-\lambda_H}; \qquad l = 1-(1-\lambda_H)\,n\,.$$

Merke: $n\,\alpha_0 = \alpha$, hier ist jedoch α_0 noch unbekannt.

d. Umwandlung der l in Größenklassen: $-2.5\log l = \Delta m$.

e. Für die so berechneten Δm sind der Lichtkurve die zugehörigen Phasen zu entnehmen und in Phasenwinkel umzuwandeln.

$$\frac{2\pi}{P}\cdot\Phi = \vartheta\,.$$

Es ist zu empfehlen, die Periode gleich eins zu machen und die Phasenwinkel in Neugrad auszudrücken. Dann wird $\vartheta = 400^g\cdot\Phi$.

f. Aus Tafel III des Anhangs (Achtung: Argument ist Neugrad) $\cos^2\vartheta$ entnehmen und die Mittel der Teilbereiche bilden:

$$\tfrac{1}{6}\left(\cos^2\vartheta_{0.25}+\cos^2\vartheta_{0.30}+\ldots+\cos^2\vartheta_{0.50}\right)=\overline{M}_{I}$$
$$\tfrac{1}{5}\left(\cos^2\vartheta_{0.55}+\cos^2\vartheta_{0.60}+\ldots+\cos^2\vartheta_{0.75}\right)=\overline{M}_{II}$$
$$\tfrac{1}{4}\left(\cos^2\vartheta_{0.80}+\cos^2\vartheta_{0.85}+\ldots+\cos^2\vartheta_{0.95}\right)=\overline{M}_{III}\,.$$

g. Den numerischen Betrag der Formel

$$\frac{\overline{M}_{I}-\overline{M}_{II}}{\overline{M}_{III}-\overline{M}_{II}}=q\,(k,\bar{\alpha})$$

bestimmen.

Anmerkung: Da $q\,(k,\bar{\alpha})$ negativ sein muß, ist das Vorzeichen als unwesentlich stets weggelassen worden.

Mit dem Betrag für $q\,(k,\bar{\alpha})$ aus der Tafel I des Anhangs die dazugehörigen k und α entnehmen. Die Formel (20) entscheidet über das richtige Wertepaar.

$$1 - \lambda' + \frac{1 - \lambda''}{k^2} = \alpha_0 \quad . \quad . \quad . \quad . \quad . \quad . \quad . \quad . \quad . \quad . \quad . \quad (20).$$

h. Mit Hilfe des nun bekannten α_0 sind die α zu berechnen: $\alpha = n\,\alpha_0$.

i. Mit Hilfe von α (Achtung: Nicht n!) und k sind aus Tafel II des Anhangs die Werte für δ zu entnehmen, zu quadrieren und die Mittel der Teilbereiche I und III zu bilden.

$$\tfrac{1}{6}(\delta^2_{0.25} + \delta^2_{0.30} + \ldots + \delta^2_{0.50}) = \overline{\delta^2_{\mathrm{I}}} = \overline{D}_{\mathrm{I}}$$

$$\tfrac{1}{4}(\delta^2_{0.80} + \delta^2_{0.85} + \ldots + \delta^2_{0.95}) = \overline{\delta^2_{\mathrm{III}}} = \overline{D}_{\mathrm{III}}$$

Die Indizes der δ^2 beziehen sich auf die n, die Beträge selbst sind jedoch mit α der Tafel zu entnehmen.

k. Berechnung von r_g, dem Radius der größeren Komponente in Einheiten des Bahnhalbmessers a und der Neigung i.

$$r_g^2 = \frac{\overline{M}_{\mathrm{III}} - \overline{M}_{\mathrm{I}}}{\overline{D}_{\mathrm{I}} \cdot \overline{M}_{\mathrm{III}} - \overline{D}_{\mathrm{III}} \cdot \overline{M}_{\mathrm{I}}}\,; \quad \sin^2 i = \frac{\overline{D}_{\mathrm{I}} - \overline{D}_{\mathrm{III}}}{\overline{D}_{\mathrm{I}} \cdot \overline{M}_{\mathrm{III}} - \overline{D}_{\mathrm{III}} \cdot \overline{M}_{\mathrm{I}}}\,.$$

l. Berechnung der theoretischen Lichtkurve. Für günstig verteilte n sind die α ($\alpha = n \cdot \alpha_0$) zu berechnen, die dazugehörigen δ sind wieder der Tafel II zu entnehmen, soweit sie nicht schon aus (i) bekannt sind. Dann Berechnung der Phasenwinkel:

$$\cos^2 \vartheta_n = \operatorname{cosec}^2 i - r_g^2\, \delta_n^2 \operatorname{cosec}^2 i\,.$$

Aus den zu den ϑ gehörenden n sind die m_{R} (die theoretische Lichtkurve) mit Hilfe der Formel

$$2.5 \log [1 - (1 - \lambda)\, n] = m_{\mathrm{R}}$$

zu berechnen. Damit sind die zu den Phasenwinkeln ϑ_n gehörenden Größenklassen $m_{\mathrm{R}n}$ gefunden.

2. *Gegeben eine Algolkurve mit einer konstanten Phase im Minimum.*

Wenn die Bedeckungen ringförmig oder total sind, so äußert sich dies durch das Auftreten einer konstanten Phase im Minimum. Die im Minimum während der Totalität oder der Ringförmigkeit bedeckte Fläche α_0 ist dann stets gleich eins (siehe unter Nummer 3 der Aufzählung der die Form der Lichtkurve bestimmenden Faktoren) und k ist mittels $q\,(k, \bar{\alpha})$ der Spalte $\alpha_0 = 1.00$ der Tafel I des Anhangs sogleich zu entnehmen. Hier gelingt die Bestimmung von k auch ohne Kenntnis des Nebenminimums. Ist es aber beobachtet, dann ist eine von der Form der partiellen Phase unabhängige Bestimmung von k möglich, da wegen $\alpha_0 = 1$ die Gleichung (20) übergeht in

$$\sqrt{\frac{1 - \lambda''}{\lambda'}} = k\,.$$

Die beiden Werte für k müssen innerhalb der Fehlergrenzen übereinstimmen. Bei größeren Unterschieden wird man, zumal bei geringer Tiefe des Nebenminimums, dem aus der Form der Lichtkurve bestimmten Radienverhältnis den Vorzug geben, allerdings unter ständiger Beachtung der Darstellbarkeit der Beobachtungen durch die unter verschiedenen Voraussetzungen gerechnete theoretische Lichtkurve.

3. *Gegeben eine β Lyrae-Lichtkurve.*

m. Die beiden Maxima liegen bei den Phasen 0.25 und 0.75; die Lichtkurve ist symmetrisch zum Nebenminimum.

Alle Beobachtungen sind sinngemäß auf den Teil $0\overset{P}{.}0 < \Phi < 0\overset{P}{.}5$ zu reduzieren. Lichtkurve möglichst groß zeichnen.

n. Die effektive Elliptizität der Komponenten aus dem außerhalb der Bedeckung liegenden Teil der Lichtkurve bestimmen.

$$l_n^2 = f + g\cos^2\vartheta_n\,; \quad f = l_{\max}; \quad -g = l_{\max}^2\, z,$$

z ist die gesuchte effektive Elliptizität.

Etwa 8 bis 10 der zu den ϑ_n gehörigen l_n der Lichtkurve entnehmen und nach obiger Formel durch Ausgleichung f und g bestimmen.

$$\begin{aligned} a_1 f + g\cos^2\vartheta_1 &= l_1^2 \\ a_2 f + g\cos^2\vartheta_2 &= l_2^2 \\ \cdots & \cdots \\ \cdots & \cdots \\ \cdots & \cdots \\ a_n f + g\cos^2\vartheta_n &= l_n^2 \end{aligned}$$

Hier ist $a = 1$. $\Sigma aa = n$; $\Sigma(\cos^2\vartheta_n)^2 = m$; $\Sigma a\cdot\cos^2\vartheta_n = p$

$$\Sigma a\, l_n^2 = q; \quad \Sigma l_n^2\cdot\cos^2\vartheta_n = r$$

$$l_{\max}^2 = f = \frac{p\,r - q\,m}{p\,p - n\,m}\,; \quad g = \frac{n\,r - p\,q}{n\,m - p\,p}\,; \quad z = -\frac{g}{l_{\max}^2}\,.$$

Die Korrektionsgleichung lautet schließlich $l_n^2 = l_{\max}^2(1 - z\cos^2\vartheta_n)$

oder in Größenklassen $\Delta m_n = 1.25\log[1 - z\cdot\cos^2\vartheta_n]$. . . . . (22)

o. Rektifikation der Lichtkurve. Zusammengehörige ϑ und l (oder m) der Lichtkurve entnehmen. Mit Hilfe von Tafel III und der Gleichung (22) Δm bestimmen. Die Differenzen $m_\vartheta - \Delta m_\vartheta$ ergeben die rektifizierte Lichtkurve, die nun die Form einer Algolkurve (also außerhalb der Minima einen zur Zeitachse parallelen Verlauf) zeigen muß.

p. Siehe b bis f.

q. Die Formel zur Bestimmung von $q(k, \bar{\alpha})$ lautet diesmal:

$$\frac{(\overline{M}_{\mathrm{I}} - \overline{M}_{\mathrm{II}})\cdot\overline{Z}_{\mathrm{III}}}{(\overline{M}_{\mathrm{III}} - \overline{M}_{\mathrm{II}})\cdot\overline{Z}_{\mathrm{I}}} = q\,(k\cdot\bar{\alpha}), \qquad \text{(E 4)}$$

wo $\overline{Z}_n = 1 - z\,\overline{M}_n$ ist.

Die Formel (20) entscheidet über das richtige Wertepaar.

r. Siehe h und i.

s. r und i bestimmen die Formeln:

$$r_g^2 = \frac{\overline{M}_{\mathrm{I}} - \overline{M}_{\mathrm{III}}}{\overline{M}_{\mathrm{I}}\cdot\overline{D}_{\mathrm{III}}\cdot\overline{Z}_{\mathrm{III}} - \overline{M}_{\mathrm{III}}\cdot\overline{D}_{\mathrm{I}}\cdot\overline{Z}_{\mathrm{I}}} \qquad \text{(E 9'')},$$

$$\sin^2 i = \frac{\overline{D}_{\mathrm{III}}\cdot\overline{Z}_{\mathrm{III}} - \overline{D}_{\mathrm{I}}\cdot\overline{Z}_{\mathrm{I}}}{\overline{M}_{\mathrm{I}}\cdot\overline{D}_{\mathrm{III}}\cdot\overline{Z}_{\mathrm{III}} - \overline{M}_{\mathrm{III}}\cdot\overline{D}_{\mathrm{I}}\cdot\overline{Z}_{\mathrm{I}}} \qquad \text{(E 10'')}.$$

t. Berechnung der theoretischen Lichtkurve. Siehe l, dann Berechnung der Formel:

$$\cos^2\vartheta_n = \frac{1 - r_g^2\cdot\delta_n^2}{\sin^2 i - r_g^2\cdot\delta_n^2\cdot z} \qquad \text{(E 11)}$$

4. *Gegeben eine Bedeckungslichtkurve mit dem Effekt einer gegenseitigen Bestrahlung.*
In der Lichtkurve äußert sich der Effekt durch ein Anwachsen der Helligkeit bis zum Nebenminimum.
Zur Ableitung der im folgenden gegebenen Ausführungen siehe RUSSELL, ApJ. 36.68.
Wir entnehmen der Lichtkurve außerhalb der Bedeckung für Punkte, deren Wert für $\cos\vartheta$ zwar numerisch gleich, aber von verschiedenem Vorzeichen sind (z. B. 40^g und 160^g), die Helligkeiten l_1' und l_1'' und bekommen für die Differenz der Reflexionskoeffizienten c_g und c_k schließlich

$$\frac{l_1' - l_1''}{2\cos\vartheta_1} = c_k - c_g \quad \text{oder für ein anderes Wertepaar} \quad \frac{l_2' - l_2''}{2\cos\vartheta_2} = c_k - c_g.$$

Bei der in der Natur gegebenen Kleinheit der gegenseitigen Bestrahlung beseitigt folgende Näherungsformel diesen Effekt:

$$\Delta m' = -1.08\,(c_g - c_k)\sin i\cos\vartheta.$$

$\sin i$ kann dabei in erster Näherung stets gleich eins gesetzt werden.

5. *Gegeben eine Bedeckungslichtkurve mit einem Periastron-Effekt.*
In der Lichtkurve äußert sich die Anwesenheit dieses Effekts durch die ungleiche Höhe der Maxima. Der Effekt kann nur bei merklicher Bahnexzentrizität auftreten und ist verursacht durch die mit dem wechselnden Abstand der Komponenten bedingte veränderliche Größe einer Flutwelle. Der Effekt wird beseitigt durch die Formel

$$\Delta m'' = b\sin\vartheta,$$

wo $b = \frac{1}{2}(\mathrm{Max}_{\mathrm{I}} + \mathrm{Max}_{\mathrm{II}})$. Zur Ableitung siehe wieder RUSSELL ApJ. 36.69.

6. ***Bestimmung der noch verbleibenden Größen: Flächenhelligkeit, Gesamthelligkeit in Intensitäten und Größenklassen und Achsenverhältnis bei ellipsoidischen Komponenten.***

u. Flächenhelligkeitsverhältnis.
Da bei kreisförmigen Bahnen der maximale Betrag von α_0 im Haupt- und im Nebenminimum gleich groß ist, kann der Amplitudenunterschied nur durch die unterschiedliche Flächenhelligkeit verursacht sein. Somit ist

$$\frac{1 - \lambda_H}{1 - \lambda_N} = \frac{J_1}{J_2}$$

J_1 ist die Flächenhelligkeit der im Hauptminimum bedeckten Komponente.

v. Gesamthelligkeit. Aus Gleichung (17) und der Forderung, daß $L_g + L_k = 1$, erhält man

$$L_g = \frac{J_g}{J_g + J_k k^2} \quad \text{und} \quad L_k = \frac{J_k k^2}{J_g + J_k k^2}$$

oder in Größenklassen

$$m_{g,k} - 2.5\log L_g = m_g$$

und

$$m_{g,k} - 2.5\log L_k = m_k.$$

$m_{g,k}$ ist die Helligkeitssumme beider Sterne, also die Maximalhelligkeit.

w. Achsenverhältnis bei ellipsoidisch geformten Sternen. Die effektive Elliptizität ist $z = \varepsilon^2\sin^2 i$. Da i bekannt, läßt sich ε berechnen. Damit wird die kleine in der Bahnebene liegende Achse

$$r_g' = r_g\sqrt{1 - \varepsilon^2}.$$

Die zur Bahnebene senkrecht stehende Achse bleibt, da sie keinen Beitrag zur Lichtänderung liefert, photometrisch unbestimmbar.

7. *Bestimmung von Radius und Masse und der daraus ableitbaren Größen in cgs-Einheiten.*

Die Ableitung ist nur möglich, wenn die spektroskopischen Bahnen beider Komponenten bekannt sind. Die spektroskopischen Beobachtungen liefern dann

x. $(a_1 + a_2) \sin i = a \sin i$ in Kilometern.

Somit ist die Bahnhalbachse a, das ist die Entfernung der Mittelpunkte beider Komponenten voneinander, in Kilometern bekannt und da r_g und r_k, die Radien der Komponenten in Einheiten von a gegeben sind, sind nun auch diese in Kilometern bekannt.

y. $M_g \sin^3 i$ und $M_k \sin^3 i$. Damit sind auch die Massen in cgs-Einheiten bekannt.

Die Berechnung der daraus ableitbaren Größen braucht nicht weiter erörtert zu werden. Es sind dies die Dichte $\left(\frac{M}{\frac{4}{3}\pi r^3}\right)$, die Beschleunigung $\left(G \frac{M}{r^2}\right)$ und das Potential $\left(G \frac{M}{r}\right)$.

Die Anwendung des hier geschilderten Verfahrens ersieht man aus den drei nun folgenden Beispielen.

Beispiele für die Anwendung

1. Berechnung eines Algolsterns

Als Beispiel zur Berechnung eines Algolsterns nach der im Vorhergehenden geschilderten Methode wählen wir den Stern SV Tauri, für den Lassowsky in Budapest Abh. Nr. 6 visuelle Beobachtungen veröffentlicht hat. Die Lichtkurve verläuft außerhalb der Bedeckung parallel zur Zeitachse. Somit erübrigt sich eine Rektifikation und die Formeln können unmittelbar angewandt werden.

Der Lichtkurve entnehmen wir die Größen:

$$\text{Max.} = 9^m.709 \quad \text{Min.}_H = 10^m.800 \quad \text{Min.}_N = 9^m.859$$
$$\text{Amplitude}_H = 1^m.091 \quad \text{Amplitude}_N = 0^m.150$$
$$\lambda_H = 0.3661 \quad \lambda_N = 0.8709$$
$$1 - \lambda_H = 0.6339 \quad 1 - \lambda_N = 0.1291$$

Bestimmung von k

n	α	l	$\log l$	Δm	m	ϑ	$\cos^2\vartheta$	$\overline{M}$	δ^2	$\overline{D}$
0.25	0.2125	0.8415	−0.0749	0^m.187	9^m.896	26°.50	0.8009		1.6620	
0.30	0.2550	0.8098	−0.0916	0.229	9.938	24.65	0.8260		1.4994	
0.35	0.2975	0.7781	−0.1090	0.273	9.981	23.08	0.8463	0.8529	1.3354	1.2978
0.40	0.3400	0.7464	−0.1270	0.318	10.026	21.58	0.8647		1.2173	
0.45	0.3825	0.7147	−0.1459	0.365	10.074	20.10	0.8819		1.0935	
0.50	0.4250	0.6831	−0.1655	0.414	10.123	18.66	0.8976		0.9793	

n	α	l	$\log l$	Δm	m	ϑ	$\cos^2\vartheta$	$\overline{M}$	δ^2	$\overline{D}$
0.55		0.6514	−0.1862	0ᵐ466	10ᵐ174	17°25	0.9121			
0.60		0.6197	−0.2078	0.519	10.228	15.83	0.9256			
0.65		0.5880	−0.2306	0.576	10.285	14.62	0.9363	0.9356		
0.70		0.5563	−0.2547	0.637	10.346	13.05	0.9490			
0.75		0.5246	−0.2802	0.700	10.409	12.22	0.9552			
0.80	0.6800	0.4929	−0.3072	0.768	10.477	10.12	0.9691		0.4516	
0.85	0.7225	0.4612	−0.3361	0.840	10.549	8.66	0.9773	0.9814	0.3851	0.3570
0.90	0.7650	0.4295	−0.3670	0.918	10.626	6.82	0.9859		0.3239	
0.95	0.8075	0.3978	−0.4003	1.001	10.710	4.75	0.9932		0.2675	

Aus den $\overline{\cos^2 \vartheta_{\mathrm{I,II,III}}}$ erhalten wir $q(k, \overline{\alpha}) = 1.806$.

Hieraus und aus der Beziehung $1 - \lambda' + \frac{1 - \lambda''}{k^2} = \alpha_0$ erhalten wir $k = 0.77$ und $\alpha_0 = 0.85$, wenn wir $1 - \lambda' = 1 - \lambda_{\mathrm{H}}$ setzen. Im Hauptminimum steht also die größere Komponente vorne.

Aus (9″) und (10″) berechnet man $r_g = 0.364$ und $i = 80°13$. Mit diesen Größen berechnen wir die theoretische Lichtkurve.

Theoretische Lichtkurve

n	$n\alpha_0$	δ^2	$\sin^2\vartheta$	ϑ	m
0.00	0.000	3.1329	0.3977	39°09	9ᵐ71
0.10	0.085	2.2890	0.2824	32.10	9.78
0.20	0.170	1.8431	0.2215	28.07	9.86
0.30	0.255	1.4983	0.1744	24.68	9.94
0.40	0.340	1.2184	0.1362	21.66	10.03
0.50	0.425	0.9793	0.1035	18.77	10.12
0.60	0.510	0.7758	0.0757	16.97	10.23
0.70	0.595	0.6013	0.0519	13.17	10.35
0.80	0.680	0.4516	0.0314	10.21	10.48
0.90	0.765	0.3239	0.0140	6.79	10.63
0.95	0.8075	0.2675	0.0063	4.55	10.72
1.00	0.850	0.2158	−0.0008	(1.6)	10.80

Die hier abgeleitete theoretische Lichtkurve stellt die Beobachtungen befriedigend dar.

2. Berechnung eines β Lyrae-Sterns

Wir wählten den Stern TT Aurigae; die Beobachtungen und die Lichtkurve sind von A. H. Joy und B. W. Sitterly in ApJ 73.77 = MtWilsContr. 419 (1931).

Die Formel (E4) ist auf die rektifizierte Lichtkurve anzuwenden. Die Ausdrücke

$$\Delta m' = 1^{\mathrm{m}}25 \log (1 - 0.287 \cos^2\vartheta_n)$$

und

$$\Delta m'' = -1.08 \cdot 0.0247 \cos\vartheta_n ,$$

deren Koeffizienten der oben erwähnten Arbeit entnommen sind, beseitigen den Einfluß der Rotation und den der gegenseitigen Bestrahlung.

Rektifikation der Lichtkurve

ϑ	Φ	m_B	$\cos^2\vartheta$	$\log(1-z\cos^2\vartheta)$	$\Delta m'$	$\Delta m''$	m_r
0^g	$0^d.0000$	1.467	1.0000	−0.1469	$-0^m.184$	$\mp 0^m.027$	$1^m.256$
5	0.0167	1.333	0.9938	−0.1458	−0.182	0.027	1.124
10	0.0333	1.162	0.9755	−0.1427	−0.178	0.026	0.958
15	0.0500	0.987	0.9455	−0.1375	−0.172	0.026	0.789
20	0.0666	0.838	0.9045	−0.1305	−0.163	0.025	0.650
25	0.0833	0.721	0.8536	−0.1221	−0.153	0.025	0.543
30	0.1000	0.641	0.7939	−0.1123	−0.140	0.024	0.477
35	0.1166	0.585	0.7270	−0.1016	−0.127	0.023	0.435
40	0.1333	0.549	0.6545	−0.0903	−0.113	0.022	0.414
45	0.1499	0.520	0.5782	−0.0788	−0.098	0.020	0.402
50	0.1666	0.491	0.5000	−0.0673	−0.084	0.019	0.388
55	0.1833	0.476	0.4218	−0.0560	−0.070	0.017	0.389
60	0.1999	0.457	0.3455	−0.0454	−0.057	0.016	0.384
65	0.2166	0.446	0.2730	−0.0355	−0.044	0.014	0.388
70	0.2332	0.434	0.2061	−0.0265	−0.033	0.012	0.389
75	0.2499	0.422	0.1464	−0.0186	−0.023	0.010	0.389
80	0.2665	0.412	0.0955	−0.0121	−0.015	0.008	0.389
90	0.2999	0.397	0.0245	−0.0031	−0.004	$\mp$ 0.004	0.389
100	0.3332	0.389	0.0000	0.0000	0.000	0.000	0.389
200	0.6664	0.947	1.0000	−0.1469	−0.184	0.027	0.790

Es bedeuten hier Φ die Phase, m_B die beobachtete Helligkeit, m_r die rektifizierte Helligkeit. Das obere Vorzeichen bei $\Delta m''$ gilt für 0^g bis 100^g, das untere für 100^g bis 200^g.

Der rektifizierten Kurve entnehmen wir die Größen:

$$\text{Max.} = 0^m.389 \qquad \text{Min.}_H = 1^m.256 \qquad \text{Min.}_N = 0^m.790$$

$$1 - \lambda_H = 0.5500 \qquad 1 - \lambda_N = 0.3088$$

Aus den λ-Werten ergibt sich, daß die im Hauptminimum bedeckte Komponente eine 1.781 mal größere Flächenhelligkeit besitzt als die bedeckende.

Aus der rektifizierten Kurve berechnen wir mittels (E 4) das Radienverhältnis nach folgendem Schema:

n	l	$\log l$	m	ϑ	$\cos^2\vartheta$	δ^2	
0.25	0.8625	−0.0642	$0^m.550$	$24^g.90$	0.8547	1.5144	$\overline{M}_I = 0.8961$
0.30	0.8350	−0.0783	0.585	23.15	0.8735	1.3424	
0.35	0.8075	−0.0929	0.622	21.47	0.8905	1.1874	$\overline{Z}_I = 0.7428$
0.40	0.7800	−0.1079	0.659	19.78	0.9065	1.0469	
0.45	0.7525	−0.1235	0.698	18.30	0.9196	0.9189	$\overline{D}_I = 1.1353$
0.50	0.7250	−0.1397	0.739	16.83	0.9317	0.8019	
0.55	0.6975	−0.1565	0.780	15.78	0.9398		
0.60	0.6700	−0.1739	0.824	14.03	0.9522		
0.65	0.6425	−0.1921	0.870	12.74	0.9605		$\overline{M}_{II} = 0.9595$
0.70	0.6150	−0.2111	0.917	11.31	0.9688		
0.75	0.5875	−0.2310	0.967	9.90	0.9760		

n	l	$\log l$	m	ϑ	$\cos^2\vartheta$	δ^2	
0.80	0.5600	−0.2518	1ᵐ.019	8ᵍ.35	0.9829	0.2829	$\overline{M}_{III} = 0.9910$
0.85	0.5325	−0.2737	1.074	6.70	0.9890	0.2214	
0.90	0.5050	−0.2167	1.131	4.87	0.9942	0.1654	$\overline{Z}_{III} = 0.7156$
0.95	0.4775	0.3210	1.192	2.94	0.9979	0.1140	$\overline{D}_{III} = 0.1959$

Daraus ergibt sich $q(k,\bar{\alpha}) = 1.939$. Mit Hilfe der Tafel I und der Formel $1 - \lambda' + \frac{1 - \lambda''}{k^2} = \alpha_0$ bekommen wir eine genäherte Lösung, wenn wir $1 - \lambda' = 1 - \lambda_H$ setzen, woraus ersichtlich ist, daß im Hauptminimum eine totale Bedeckung stattfindet. Es ist dann $k = 0.763$ und $\alpha_0 = 1.00$.

Aus (E 9″) und (E 10″) resultiert $r_g = 0.37$ und $i = 84°.3$.

Bei einer Anwendung von (E 11) ersieht man rasch, daß die mit diesen Werten gerechnete theoretische Lichtkurve die Beobachtungen nicht gut darstellt, da sich für den Beginn der Bedeckung ein zu kleiner Phasenwinkel ergibt, und für die Mitte der Bedeckung $\cos\vartheta > 1$ wird. Einfache Überlegungen — beispielsweise muß für $\vartheta = 0$ die Bedingung $\cos i = r_g\,\delta\sqrt{1-z}$ erfüllt sein — führen rasch dahin, daß man mit $k = 0.79$, $r_g = 0.40$, $\alpha_0 = 1.00$ und $i = 86°$ eine bessere Darstellung erlangt. Mit diesen Werten ist die theoretische Lichtkurve gerechnet, die tatsächlich die Beobachtungen befriedigend darstellt.

Theoretische Lichtkurve

α	δ^2	$1-r_g^2\,\delta$	$\sin^2 i - r_g^2\delta^2 z$	$\cos^2\vartheta$	ϑ	Φ
0.00	3.2148	0.4856	0.8475	0.5730	45ᵍ.33	0ᵈ.1510
0.05	2.5831	0.5867	0.8765	0.6694	39.00	0.1299
0.10	2.2380	0.6419	0.8923	0.7194	35.66	0.1188
0.15	1.9639	0.6858	0.9049	0.7579	32.76	0.1091
0.20	1.7316	0.7229	0.9156	0.7895	30.34	0.1011
0.30	1.3484	0.7843	0.9332	0.8404	26.17	0.0872
0.40	1.0398	0.8336	0.9473	0.8800	22.52	0.0750
0.50	0.7857	0.8743	0.9590	0.9117	19.21	0.0640
0.60	0.5747	0.9080	0.9687	0.9373	16.11	0.0537
0.70	0.4004	0.9359	0.9767	0.9582	13.11	0.0437
0.80	0.2581	0.9587	0.9832	0.9751	10.09	0.0336
0.85	0.1976	0.9684	0.9860	0.9822	8.51	0.0284
0.90	0.1428	0.9772	0.9886	0.9885	6.83	0.0228
0.95	0.0950	0.9848	0.9907	0.9940	4.92	0.0164
1.00	0.0428	0.9932	0.9931	1.0001	0.00	0.0000

Φ	$\log(1-z\cos^2\vartheta)$	$\Delta m'$	$\Delta m''$	m_r	m_R
0ᵈ.1510	−0.0781	0ᵐ098	0ᵐ.020	0ᵐ382	0ᵐ500
0.1299	−0.0926	0.116	0.022	0.410	0.548
0.1188	−0.1004	0.126	0.023	0.428	0.577
0.1091	−0.1065	0.133	0.023	0.449	0.605
0.1011	−0.1116	0.140	0.024	0.475	0.639
0.0872	−0.1199	0.150	0.024	0.526	0.700
0.0750	−0.1264	0.158	0.025	0.593	0.776

Φ	$\log(1-z\cos^2\vartheta)$	$\Delta m'$	$\Delta m''$	m_r	m_R
0.0640	−0.1318	$0^m.165$	$0^m.025$	$0^m.667$	0^m857
0.0537	−0.1361	0.170	0.026	0.751	0.947
0.0437	−0.1397	0.175	0.026	0.847	1.048
0.0336	−0.1426	0.178	0.026	0.954	1.158
0.0284	−0.1438	0.180	0.026	1.010	1.216
0.0228	−0.1449	0.181	0.027	1.068	1.276
0.0164	−0.1459	0.182	0.027	1.127	1.336
0.0000	−0.1469	0.184	0.028	1.256	1.468

Um die gegen die Berechnung aus der Lichtkurve geänderten Größen tatsächlich rechnerisch aus den Formeln zu erhalten, ist das ganze Verfahren noch einmal auf die theoretische Lichtkurve anzuwenden.

3. Berechnung eines W Ursae maioris-Sterns

Als drittes Beispiel wählten wir den W Ursae Maioris-Stern OO Aquilae. Die den Rechnungen zugrunde gelegten Beobachtungen hat N. Florja visuell ausgeführt und in NNVS 4.111 veröffentlicht. Zeichnet man nach den dort ermittelten Normalpunkten die Lichtkurve, so sieht man erstens, daß die Bahn kreisförmig angenommen werden kann, und zweitens daß die Lichtkurve zur durch $P/2$ gezogen gedachten Ordinatenachse nicht symmetrisch verläuft. Da mir trotz des systematischen Verhaltens die Echtheit der Abweichungen (vor allem auch die Größe des Betrags) fraglich erschien und der zwischen $0.5P$ und P liegende Ast der Lichtkurve auf den ersten Blick einer Bedeckungslichtkurve näherzukommen schien als der vorangehende Ast, benutzte ich für die weiteren Rechnungen nur diesen zweiten Teil. Die von Florja in der Tabelle (l. c.) gegebenen Phasen (Φ') wurden nach folgender Formel umgewandelt:

$$P - \Phi' = \Phi.$$

Zur Rektifizierung wurde der zwischen $0.15\,P$ und $0.35\,P$ liegende Teil der Lichtkurve herangezogen. Die Lichtkurve verläuft in diesem Bereich streng symmetrisch zum Maximum, das bei $0.25\,P$ liegt; daher brauchte nur ein Ast zur Bestimmung der effektiven Elliptizität benutzt zu werden.

Bestimmung von z

Φ	Größe	Δm	$\log J$		l^2	ϑ	$\cos^2\vartheta$
$0^P.125$	$9^m.36$	$0^m.12$	−0.036	9.964	0.846	45°.0	0.5000
0.175	9.29	0.05	−0.020	9.980	0.912	63.0	0.2061
0.225	9.25	0.01	−0.004	9.996	0.982	81.0	0.0245

Die Ausgleichung ergibt für $g = -0.280$, für $f = 0.982$, damit wird $z = 0.285$.

Bei OO Aquilae legten wir keine glatte Lichtkurve durch die Normalpunkte, sondern wir rektifizierten die Lichtkurve an den Phasenstellen der Normalpunkte. Dieses Verfahren schien hier angebracht zu sein, um jede Willkür auszuschließen, die bei den wenigen, die Lichtkurve bestimmenden, Punkte kaum zu vermeiden gewesen wäre.

Rektifizierte Lichtkurve

Φ	Größe	ϑ	$\cos^2\vartheta$	$1-2\cos^2\vartheta$	Δm_r	m_r
$0^P.009$	9^m79	$3^\circ.24$	0.9968	0.716	0^m181	9^m61
0.033	9.71	11.88	0.9576	0.727	0.173	9.54
0.063	9.53	22.68	0.8513	0.757	0.151	9.38
0.094	9.45	33.84	0.6899	0.803	0.119	9.33
0.128	9.35	46.08	0.4812	0.863	0.080	9.27
0.167	9.29	60.12	0.2482	0.929	0.040	9.85
0.225	9.26	81.00	0.0245	0.993	0.004	9.26
0.270	9.26	97.20	0.0157	0.996	0.002	9.26
0.341	9.30	122.76	0.2928	0.917	0.047	9.25
0.378	9.37	136.08	0.5188	0.852	0.087	9.28
0.414	9.47	149.04	0.7354	0.790	0.128	9.34
0.444	9.55	159.84	0.8812	0.749	0.157	9.39
0.469	9.64	168.84	0.9625	0.726	0.174	9.47
0.493	9.71	177.48	0.9981	0.716	0.181	9.53

Aus der rektifizierten Lichtkurve (m_r) bestimmen wir das Radienverhältnis, die Neigung und den Radius der größeren Komponente in Einheiten des Bahnradius.

Wir entnehmen der Lichtkurve folgende Größen:

Max. $= 9^m255$ Min.$_H = 9^m61$ Min.$_N = 9^m53$

Ampl.$_H = 0^m355$ Ampl.$_N = 0^m275$

$\lambda_H = 0.721$ $\lambda_N = 0.776$

$1 - \lambda_H = 0.279$ $1 - \lambda_N = 0.224$

Berechnung von k, i und r_g

n	l	$\log l$	Größe	Φ	ϑ	α	δ	
0.25	0.930	−0.032	9^m330	$0^P.094$	$33^\circ.84$	0.120	$\bar{1}.5592$	$\overline{M}_I = 0.7635$
0.30	0.916	−0.038	9.345	0.088	31.68	0.144	1.5197	
0.35	0.902	−0.045	9.363	0.083	29.88	0.168	1.4450	$\overline{Z}_I = 0.7824$
0.40	0.888	−0.052	9.380	0.078	28.08	0.192	1.3915	
0.45	0.814	−0.058	9.395	0.073	26.28	0.216	1.3399	$\overline{D}_I = 2.0278$
0.50	0.860	−0.066	9.415	0.067	24.12	0.240	1.2899	
0.55	0.847	−0.072	9.430	0.062	22.32			
0.60	0.833	−0.079	9.448	0.059	21.24			
0.65	0.819	−0.087	9.468	0.054	19.44			$\overline{M}_{II} = 0.8888$
0.70	0.805	−0.094	9.485	0.049	17.64			
0.75	0.791	−0.102	9.505	0.045	16.20			
0.80	0.777	−0.110	9.525	0.040	14.40	0.384	1.0127	$\overline{M}_{III} = 0.9582$
0.85	0.763	−0.117	9.542	0.035	12.60	0.408	0.9693	
0.90	0.749	−0.126	9.565	0.030	10.80	0.432	0.9266	$\overline{Z}_{III} = 0.7269$
0.95	0.735	−0.134	9.585	0.024	8.64	0.456	0.8842	$\overline{D}_{III} = 0.9014$

Aus diesen Werten errechnet sich $q(k, \bar{\alpha})$ zu 1.676. Hieraus und aus der Beziehung $1-\lambda' + \frac{1-\lambda''}{k^2} = \alpha_0$ wird genähert $k = 1.0$ und $\alpha_0 = 0.48$. Damit bekommen wir nach Formel (E 9″) und (E 10″):

$$r_g = 0.437 \text{ und } i = 74\overset{\circ}{.}81.$$

Mit diesen Werten bekommt man jedoch nach Formel (E 11) für das Minimum $\vartheta = 11\overset{\circ}{.}4$ statt 0°. Wir erzwingen für das Minimum $\vartheta = 0°$, wenn wir die Neigung um $1\overset{\circ}{.}05$ verkleinern und $i = 71\overset{\circ}{.}9$ setzen. Mit $r_g = 0.436$, $i = 71\overset{\circ}{.}9$, $\alpha_0 = 0.48$ und $k = 1$ berechnen wir die theoretische Lichtkurve.

Theoretische Lichtkurve

n	α	δ^2	$1-r^2\delta^2$	$\sin^2 i - r^2\delta_z^2$	$\cos^2\vartheta_n$	ϑ	Φ	l	m
0.00	0.000	4.0000	0.2396	0.6868	0.3489	53°80	0.149	1.000	9.255
0.05	0.024	3.4306	0.3479	0.7176	0.4848	45.87	0.127	0.986	9.270
0.10	0.048	3.1099	0.4088	0.7350	0.5562	41.77	0.116	0.972	9.285
0.20	0.096	2.6296	0.5001	0.7610	0.6572	35.83	0.100	0.944	9.318
0.30	0.144	2.2521	0.5719	0.7815	0.7318	31.18	0.087	0.916	9.350
0.50	0.240	1.6638	0.6837	0.8133	0.8406	23.54	0.065	0.860	9.420
0.70	0.336	1.2135	0.7693	0.8377	0.9183	16.60	0.046	0.805	9.490
0.80	0.384	1.0256	0.8050	0.8479	0.9494	13.00	0.036	0.777	9.530
0.90	0.432	0.8586	0.8368	0.8570	0.9764	8.84	0.025	0.749	9.570
0.95	0.456	0.7818	0.8514	0.8611	0.9887	6.18	0.017	0.735	9.590
0.98	0.470	0.7393	0.8595	0.8634	0.9955	3.84	0.011	0.727	9.800
1.00	0.480	0.7096	0.8651	0.8650	1.0000	0.00	0.000	0.721	9.610

Diese theoretische Lichtkurve in die beobachtete eingezeichnet, zeigt, daß diese vollständig dargestellt wird.

Zusammenstellung

$k = 1.00$	$\alpha_0 = 0.48$
$r_{g,k} = 0.436$	$J_g/J_k = 1.246$
$r'_{g,k} = 0.361$	$L_g = 0.555$
$s^2 = 0.315$	$L_k = 0.445$
$z = 0.285$	$m_g = 9\overset{m}{.}895$
$i = 71\overset{\circ}{.}9$	$m_k = 10\overset{m}{.}134.$

Literatur:

[1] RUSSELL, H. N., On the determination of the orbital Elements of eclipsing variables stars I. ApJ. 35.315 und II. ApJ. 36.54. S. a. SHAPLEY, A study of the orbits of eclipsing binaries, Princeton Contr. 3 (1915).

[2] FETLAAR, J., A contribution to the theory of eclipsing binaries, Utrecht Recherches IX, 1 (1923).

[3] HETZER, E., Beitrag zu N. H. RUSSELLs Methode der Berechnung der Elemente von Verfinsterungsvariablen unter Voraussetzung von Kreisbahnen und gleichmäßighellen Sternscheiben. Leipziger Dissertation 1931.

[4] HAGEN-STEIN, Die veränderlichen Sterne, Band II, S. 371 (1924) und BAN 2.123.

[5] SCHNELLER, H., Photometrische und spektroskopische Beobachtungsergebnisse an Zeta Aurigae, Die Naturwissenschaften 23.292. (1935).

[6] GUTHNICK, P. und SCHNELLER, H., Die Bedeckung der B-Komponente von Zeta Aurigae im Winter 1931/32. Sitzber. d. preuß. Akad. d. Wiss. phys.-math. Kl. 1932 X.

[7] GUTHNICK, P., SCHNELLER, H., HACHENBERG, O., Untersuchungen über das System Zeta Aurigae. Abh. d. preuß. Akad. d. Wiss. Jg. 1935 phys.-math. Klasse Nr. 1.

Anhang

Tafel I

Werte der Funktion q $(k, \bar{\alpha})$

Tafel II

Abstand der Scheibenmitten δ in Abhängigkeit von k und α

Tafel III

Werte der Funktion $\cos^2 \vartheta$

Tafel IV

Quadrate der Zahlen 0.00 bis 0.99

I.
Tafel der $q\ (k,\ \overline{\alpha})$-Werte

k	α_0															k
	0.30	0.35	0.40	0.45	0.50	0.55	0.60	0.65	0.70	0.75	0.80	0.85	0.90	0.95	1.00	
0.10	1.374	1.376	1.368	1.361	1.353	1.344	1.334	1.322	1.310	1.293	1.276	1.259	1.228	1.199	1.157	**0.10**
0.11	1.377	1.378	1.370	1.364	1.357	1.347	1.338	1.327	1.315	1.298	1.282	1.265	1.235	1.206	1.164	0.11
0.12	1.380	1.381	1.373	1.368	1.360	1.351	1.343	1.331	1.320	1.304	1.288	1.271	1.241	1.212	1.171	0.12
0.13	1.383	1.384	1.376	1.371	1.364	1.355	1.347	1.336	1.324	1.309	1.294	1.276	1.248	1.219	1.178	0.13
0.14	1.385	1.386	1.379	1.375	1.367	1.359	1.351	1.341	1.329	1.315	1.300	1.282	1.254	1.225	1.185	0.14
0.15	1.388	1.389	1.382	1.378	1.371	1.363	1.355	1.345	1.334	1.320	1.306	1.288	1.261	1.232	1.192	0.15
0.16	1.391	1.392	1.386	1.381	1.375	1.367	1.360	1.350	1.339	1.326	1.312	1.294	1.268	1.239	1.199	0.16
0.17	1.393	1.394	1.389	1.385	1.378	1.371	1.364	1.355	1.344	1.331	1.318	1.300	1.275	1.246	1.206	0.17
0.18	1.396	1.397	1.392	1.388	1.382	1.375	1.368	1.360	1.350	1.337	1.324	1.306	1.281	1.253	1.214	0.18
0.19	1.399	1.399	1.395	1.392	1.385	1.379	1.373	1.364	1.355	1.342	1.330	1.312	1.288	1.260	1.221	0.19
0.20	1.402	1.402	1.398	1.395	1.389	1.383	1.377	1.369	1.360	1.348	1.336	1.318	1.295	1.267	1.229	**0.20**
0.21	1.405	1.404	1.401	1.398	1.393	1.387	1.381	1.374	1.365	1.354	1.342	1.324	1.302	1.274	1.237	0.21
0.22	1.407	1.407	1.404	1.402	1.396	1.391	1.386	1.379	1.370	1.359	1.348	1.331	1.309	1.282	1.244	0.22
0.23	1.410	1.409	1.407	1.405	1.400	1.395	1.390	1.383	1.376	1.365	1.354	1.337	1.315	1.289	1.252	0.23
0.24	1.412	1.411	1.410	1.409	1.404	1.399	1.395	1.388	1.381	1.370	1.360	1.344	1.322	1.297	1.261	0.24
0.25	1.414	1.414	1.413	1.412	1.408	1.404	1.399	1.393	1.386	1.376	1.366	1.350	1.330	1.305	1.269	0.25
0.26	1.416	1.416	1.416	1.415	1.411	1.408	1.403	1.398	1.391	1.382	1.372	1.357	1.337	1.313	1.277	0.26
0.27	1.418	1.418	1.419	1.419	1.415	1.412	1.408	1.403	1.396	1.388	1.378	1.363	1.345	1.321	1.286	0.27
0.28	1.421	1.420	1.422	1.422	1.419	1.416	1.412	1.407	1.402	1.393	1.385	1.370	1.352	1.329	1.295	0.28
0.29	1.423	1.423	1.425	1.426	1.422	1.420	1.417	1.412	1.407	1.399	1.391	1.376	1.360	1.337	1.303	0.29
0.30	1.425	1.425	1.428	1.429	1.426	1.424	1.421	1.417	1.412	1.405	1.397	1.383	1.367	1.345	1.312	**0.30**
0.31	1.427	1.428	1.431	1.432	1.430	1.428	1.426	1.422	1.417	1.411	1.403	1.390	1.373	1.353	1.321	0.31
0.32	1.429	1.430	1.433	1.435	1.433	1.432	1.430	1.427	1.423	1.417	1.410	1.397	1.381	1.362	1.330	0.32
0.33	1.431	1.432	1.436	1.438	1.437	1.436	1.434	1.432	1.428	1.423	1.416	1.404	1.390	1.370	1.339	0.33
0.34	1.433	1.435	1.439	1.441	1.440	1.440	1.439	1.437	1.434	1.429	1.423	1.411	1.398	1.379	1.348	0.34
0.35	1.436	1.438	1.442	1.444	1.444	1.445	1.444	1.442	1.439	1.435	1.429	1.418	1.406	1.387	1.358	0.35
0.36	1.438	1.440	1.444	1.447	1.448	1.449	1.448	1.447	1.445	1.441	1.436	1.425	1.414	1.395	1.367	0.36
0.37	1.440	1.442	1.447	1.450	1.451	1.453	1.452	1.452	1.450	1.447	1.442	1.433	1.422	1.404	1.377	0.37
0.38	1.442	1.445	1.450	1.453	1.455	1.457	1.457	1.457	1.456	1.453	1.449	1.440	1.431	1.413	1.387	0,38
0.39	1.444	1.448	1.452	1.456	1.458	1.461	1.462	1.462	1.461	1.459	1.455	1.448	1.439	1.422	1.397	0.39
0.40	1.446	1.450	1.455	1.459	1.462	1.465	1.466	1.467	1.467	1.465	1.462	1.455	1.447	1.431	1.407	**0.40**
0.41	1.448	1.452	1.458	1.462	1.466	1.469	1.470	1.472	1.473	1.471	1.469	1.462	1.456	1.440	1.417	0.41
0.42	1.450	1.455	1.461	1.465	1.469	1.473	1.475	1.477	1.478	1.478	1.476	1.470	1.464	1.450	1.427	0.42
0.43	1.453	1.457	1.463	1.468	1.473	1.477	1.479	1.482	1.484	1.484	1.483	1.478	1.473	1.459	1.438	0.43
0.44	1.455	1.460	1.466	1.471	1.476	1.481	1.484	1.487	1.489	1.491	1.490	1.486	1.481	1.469	1.448	0.44
0.45	1.457	1.462	1.469	1.474	1.480	1.486	1.488	1.492	1.495	1.497	1.497	1.494	1.490	1.479	1.459	0.45
0.46	1.459	1.464	1.472	1.478	1.484	1.490	1.493	1.498	1.501	1.504	1.504	1.502	1.499	1.489	1.470	0.46
0.47	1.461	1.467	1.475	1.481	1.487	1.494	1.498	1.503	1.507	1.510	1.511	1.511	1.508	1.499	1.481	0.47
0.48	1.464	1.469	1.477	1.484	1.491	1.498	1.502	1.508	1.512	1.517	1.519	1.519	1.517	1.510	1.493	0.48
0.49	1.466	1.472	1.480	1.487	1.494	1.502	1.507	1.514	1.518	1.523	1.526	1.528	1.526	1.520	1.504	0.49
0.50	1.468	1.474	1.483	1.490	1.498	1.506	1.512	1.519	1.524	1.530	1.534	1.537	1.536	1.531	1.516	**0.50**

k	α_0 0.30	0.35	0.40	0.45	0.50	0.55	0.60	0.65	0.70	0.75	0.80	0.85	0.90	0.95	1.00	k
0.50	1.468	1.474	1.483	1.490	1.498	1.506	1.512	1.519	1.524	1.530	1.534	1.537	1.536	1.531	1.516	**0.50**
0.51	1.470	1.476	1.486	1.493	1.502	1.510	1.517	1.524	1.530	1.537	1.542	1.545	1.545	1.542	1.528	0.51
0.52	1.472	1.479	1.489	1.497	1.506	1.514	1.521	1.530	1.537	1.544	1.549	1.554	1.555	1.553	1.541	0.52
0.53	1.474	1.482	1.491	1.500	1.509	1.519	1.526	1.535	1.543	1.551	1.557	1.563	1.565	1.564	1.554	0.53
0.54	1.476	1.484	1.494	1.503	1.513	1.523	1.531	1.540	1.550	1.558	1.566	1.572	1.575	1.575	1.567	0.54
0.55	1.478	1.486	1.497	1.506	1.517	1.527	1.536	1.546	1.556	1.565	1.574	1.581	1.585	1.587	1.580	0.55
0.56	1.479	1.489	1.500	1.510	1.521	1.531	1.541	1.551	1.562	1.572	1.582	1.590	1.590	1.599	1.594	0.56
0.57	1.481	1.492	1.503	1.513	1.525	1.535	1.546	1.557	1.569	1.579	1.590	1.599	1.606	1.611	1.608	0.57
0.58	1.483	1.494	1.505	1.516	1.528	1.540	1.551	1.563	1.575	1.587	1.599	1.609	1.617	1.623	1.622	0.58
0.59	1.485	1.496	1.508	1.520	1.532	1.544	1.556	1.568	1.582	1.594	1.607	1.619	1.628	1.635	1.636	0.59
0.60	1.487	1.499	1.511	1.523	1.536	1.548	1.561	1.574	1.588	1.601	1.616	1.629	1.639	1.648	1.651	**0.60**
0.61	1.489	1.501	1.514	1.526	1.540	1.552	1.566	1.580	1.595	1.609	1.624	1.639	1.650	1.661	1.666	0.61
0.62	1.491	1.504	1.516	1.529	1.543	1.557	1.571	1.585	1.601	1.617	1.633	1.649	1.662	1.674	1.681	0.62
0.63	1.493	1.506	1.519	1.533	1.547	1.561	1.576	1.591	1.608	1.624	1.642	1.659	1.674	1.688	1.697	0.63
0.64	1.495	1.508	1.522	1.536	1.551	1.566	1.581	1.597	1.614	1.632	1.651	1.669	1.686	1.701	1.713	0.64
0.65	1.496	1.510	1.524	1.539	1.555	1.570	1.586	1.603	1.621	1.640	1.660	1.680	1.698	1.715	1.729	0.65
0.66	1.498	1.513	1.527	1.542	1.558	1.574	1.591	1.609	1.628	1.648	1.669	1.690	1.710	1.729	1.746	0.66
0.67	1.500	1.515	1.530	1.545	1.562	1.579	1.596	1.615	1.635	1.656	1.678	1.701	1.723	1.743	1.763	0.67
0.68	1.502	1.517	1.533	1.549	1.566	1.583	1.601	1.621	1.642	1.665	1.687	1.712	1.736	1.758	1.780	0.68
0.69	1.504	1.520	1.535	1.552	1.569	1.588	1.607	1.627	1.649	1.673	1.696	1.723	1.749	1.773	1.798	0.69
0.70	1.506	1.522	1.538	1.555	1.573	1.592	1.612	1.633	1.656	1.681	1.706	1.734	1.762	1.789	1.816	**0.70**
0.71	1.508	1.524	1.541	1.558	1.577	1.597	1.617	1.639	1.663	1.690	1.716	1.745	1.776	1.805	1.835	0.71
0.72	1.510	1.526	1.543	1.561	1.581	1.601	1.622	1.645	1.671	1.698	1.725	1.757	1.789	1.821	1.854	0.72
0.73	1.511	1.529	1.546	1.565	1.585	1.606	1.628	1.652	1.678	1.707	1.735	1.769	1.803	1.838	1.874	0.73
0.74	1.513	1.531	1.549	1.568	1.589	1.610	1.633	1.658	1.686	1.715	1.746	1.781	1.818	1.855	1.894	0.74
0.75	1.515	1.533	1.552	1.571	1.592	1.615	1.638	1.664	1.693	1.724	1.756	1.793	1.832	1.872	1.915	0.75
0.76	1.517	1.535	1.554	1.574	1.596	1.620	1.644	1.671	1.701	1.733	1.767	1.805	1.847	1.890	1.936	0.76
0.77	1.519	1.537	1.557	1.577	1.600	1.624	1.649	1.677	1.708	1.741	1.777	1.818	1.862	1.908	1.958	0.77
0.78	1.520	1.540	1.560	1.581	1.604	1.629	1.655	1.684	1.716	1.750	1.788	1.831	1.877	1.927	1.981	0.78
0.79	1.522	1.542	1.562	1.584	1.608	1.633	1.660	1.690	1.724	1.760	1.800	1.844	1.893	1.946	2.005	0.79
0.80	1.524	1.544	1.565	1.587	1.612	1.638	1.666	1.697	1.731	1.769	1.811	1.857	1.909	1.966	2.029	**0.80**
0.81	1.526	1.546	1.568	1.590	1.616	1.643	1.672	1.704	1.739	1.778	1.822	1.870	1.926	1.986	2.054	0.81
0.82	1.528	1.548	1.570	1.593	1.620	1.648	1.677	1.711	1.747	1.788	1.834	1.884	1.943	2.007	2.080	0.82
0.83	1.529	1.551	1.573	1.597	1.624	1.652	1.683	1.717	1.755	1.798	1.846	1.898	1.960	2.028	2.107	0.83
0.84	1.531	1.553	1.576	1.600	1.628	1.657	1.689	1.724	1.763	1.808	1.858	1.913	1.978	2.050	2.135	0.84
0.85	1.533	1.555	1.578	1.603	1.632	1.662	1.694	1.731	1.772	1.818	1.870	1.928	1.996	2.073	2.163	0.85
0.86	1.535	1.557	1.581	1.606	1.635	1.667	1.700	1.738	1.780	1.828	1.882	1.943	2.015	2.096	2.192	0.86
0.87	1.537	1.559	1.584	1.609	1.639	1.672	1.706	1.745	1.789	1.839	1.895	1.959	2.034	2.120	2.223	0.87
0.88	1.538	1.562	1.587	1.613	1.643	1.676	1.712	1.753	1.797	1.849	1.908	1.975	2.054	2.145	2.255	0.88
0.89	1.540	1.564	1.589	1.616	1.647	1.681	1.718	1.760	1.806	1.860	1.921	1.991	2.074	2.171	2.288	0.89
0.90	1.542	1.566	1.592	1.619	1.651	1.686	1.724	1.767	1.815	1.871	1.934	2.008	2.094	2.197	2.322	**0.90**
0.91	1.544	1.568	1.595	1.622	1.655	1.691	1.730	1.774	1.824	1.882	1.949	2.025	2.114	2.224	2.357	0.91
0.92	1.545	1.570	1.597	1.626	1.659	1.696	1.736	1.782	1.833	1.893	1.964	2.042	2.136	2.251	2.394	0.92
0.93	1.547	1.572	1.600	1.629	1.663	1.702	1.742	1.789	1.843	1.905	1.978	2.060	2.158	2.280	2.433	0.93
0.94	1.549	1.574	1.602	1.633	1.667	1.706	1.748	1.797	1.852	1.916	1.992	2.078	2.180	2.311	2.474	0.94
0.95	1.550	1.576	1.605	1.636	1.672	1.711	1.754	1.804	1.862	1.928	2.006	2.097	2.204	2.342	2.516	0.95
0.96	1.552	1.579	1.608	1.639	1.676	1.716	1.761	1.812	1.871	1.940	2.021	2.116	2.228	2.374	2.560	0.96
0.97	1.554	1.581	1.610	1.643	1.680	1.721	1.767	1.820	1.881	1.952	2.036	2.135	2.254	2.407	2.606	0.97
0.98	1.556	1.583	1.613	1.646	1.684	1.726	1.773	1.828	1.891	1.964	2.052	2.156	2.281	2.443	2.655	0.98
0.99	1.557	1.585	1.615	1.650	1.688	1.731	1.780	1.836	1.901	1.976	2.068	2.177	2.310	2.482	2.706	0.99
1.00	1.559	1.587	1.618	1.653	1.692	1.736	1.786	1.844	1.911	1.989	2.084	2.199	2.340	2.522	2.760	**1.00**

II.
Tafel der δ-Werte

α\k	0.10	0.11	0.12	0.13	0.14	0.15	0.16	0.17	0.18	0.19	0.20
0.00	1.1000	1.1100	1.1200	1.1300	1.1400	1.1500	1.1600	1.1700	1.1800	1.1900	1.2000
0.01	1.0932	1.1025	1.1118	1.1211	1.1304	1.1397	1.1490	1.1583	1.1675	1.1768	1.1861
0.02	1.0892	1.0981	1.1070	1.1159	1.1247	1.1336	1.1425	1.1513	1.1601	1.1690	1.1778
0.03	1.0858	1.0944	1.1029	1.1114	1.1199	1.1284	1.1369	1.1454	1.1539	1.1624	1.1709
0.04	1.0828	1.0910	1.0992	1.1074	1.1156	1.1238	1.1320	1.1402	1.1483	1.1565	1.1646
0.05	1.0800	1.0879	1.0958	1.1037	1.1117	1.1195	1.1274	1.1353	1.1432	1.1510	1.1589
0.06	1.0773	1.0850	1.0926	1.1003	1.1079	1.1155	1.1231	1.1307	1.1383	1.1459	1.1534
0.07	1.0748	1.0822	1.0896	1.0970	1.1044	1.1117	1.1191	1.1264	1.1337	1.1410	1.1483
0.08	1.0724	1.0796	1.0867	1.0938	1.1010	1.1081	1.1152	1.1222	1.1293	1.1363	1.1434
0.09	1.0701	1.0770	1.0839	1.0908	1.0977	1.1046	1.1114	1.1182	1.1250	1.1318	1.1386
0.10	1.0678	1.0745	1.0812	1.0879	1.0945	1.1011	1.1078	1.1143	1.1209	1.1275	1.1340
0.11	1.0657	1.0721	1.0786	1.0850	1.0914	1.0978	1.1042	1.1106	1.1169	1.1233	1.1296
0.12	1.0635	1.0698	1.0760	1.0822	1.0884	1.0946	1.1008	1.1069	1.1130	1.1192	1.1252
0.13	1.0615	1.0675	1.0735	1.0795	1.0855	1.0915	1.0974	1.1033	1.1092	1.1151	1.1210
0.14	1.0594	1.0653	1.0711	1.0769	1.0826	1.0884	1.0941	1.0998	1.1055	1.1112	1.1169
0.15	1.0574	1.0631	1.0687	1.0743	1.0798	1.0854	1.0909	1.0964	1.1019	1.1074	1.1128
0.16	1.0555	1.0609	1.0663	1.0717	1.0771	1.0824	1.0877	1.0930	1.0983	1.1036	1.1088
0.17	1.0536	1.0588	1.0640	1.0692	1.0744	1.0795	1.0846	1.0897	1.0948	1.0999	1.1049
0.18	1.0517	1.0567	1.0617	1.0667	1.0717	1.0766	1.0815	1.0865	1.0913	1.0962	1.1010
0.19	1.0498	1.0546	1.0595	1.0643	1.0690	1.0738	1.0785	1.0832	1.0879	1.0926	1.0972
0.20	1.0479	1.0526	1.0572	1.0619	1.0664	1.0710	1.0755	1.0801	1.0846	1.0890	1.0935
0.21	1.0461	1.0506	1.0550	1.0595	1.0639	1.0682	1.0726	1.0769	1.0812	1.0855	1.0898
0.22	1.0443	1.0486	1.0529	1.0571	1.0613	1.0655	1.0697	1.0738	1.0779	1.0820	1.0861
0.23	1.0425	1.0466	1.0507	1.0548	1.0588	1.0628	1.0668	1.0708	1.0747	1.0786	1.0825
0.24	1.0408	1.0447	1.0486	1.0525	1.0563	1.0602	1.0640	1.0677	1.0715	1.0752	1.0789
0.25	1.0390	1.0428	1.0465	1.0502	1.0539	1.0575	1.0611	1.0647	1.0683	1.0718	1.0753
0.26	1.0373	1.0409	1.0444	1.0479	1.0514	1.0549	1.0583	1.0618	1.0651	1.0685	1.0718
0.27	1.0356	1.0390	1.0423	1.0457	1.0490	1.0523	1.0556	1.0588	1.0620	1.0652	1.0683
0.28	1.0339	1.0371	1.0403	1.0435	1.0466	1.0497	1.0528	1.0559	1.0589	1.0619	1.0649
0.29	1.0322	1.0352	1.0383	1.0413	1.0442	1.0472	1.0501	1.0530	1.0558	1.0587	1.0615
0.30	1.0305	1.0334	1.0362	1.0391	0.0419	1.0446	1.0474	1.0501	1.0528	1.0554	1.0581
0.31	1.0288	1.0315	1.0342	1.0369	1.0395	1.0421	1.0447	1.0472	1.0497	1.0522	1.0547
0.32	1.0272	1.0297	1.0322	1.0347	1.0372	1.0396	1.0420	1.0444	1.0467	1.0490	1.0513
0.33	1.0255	1.0279	1.0302	1.0326	1.0349	1.0371	1.0394	1.0416	1.0437	1.0459	1.0480
0.34	1.0239	1.0261	1.0283	1.0304	1.0326	1.0346	1.0367	1.0387	1.0407	1.0427	1.0447
0.35	1.0222	1.0243	1.0263	1.0283	1.0303	1.0322	1.0341	1.0359	1.0378	1.0396	1.0414
0.36	1.0206	1.0225	1.0243	1.0262	1.0280	1.0297	1.0315	1.0332	1.0348	1.0365	1.0381
0.37	1.0190	1.0207	1.0224	1.0241	1.0257	1.0273	1.0289	1.0304	1.0319	1.0334	1.0348
0.38	1.0174	1.0189	1.0205	1.0220	1.0234	1.0249	1.0263	1.0276	1.0290	1.0303	1.0316
0.39	1.0158	1.0172	1.0185	1.0199	1.0212	1.0224	1.0237	1.0249	1.0261	1.0272	1.0283
0.40	1.0142	1.0154	1.0166	1.0178	1.0189	1.0200	1.0211	1.0222	1.0232	1.0241	1.0251
0.41	1.0126	1.0136	1.0147	1.0157	1.0167	1.0176	1.0185	1.0194	1.0203	1.0211	1.0219
0.42	1.0110	1.0119	1.0128	1.0136	1.0144	1.0152	1.0160	1.0167	1.0174	1.0180	1.0187
0.43	1.0094	1.0101	1.0109	1.0116	1.0122	1.0128	1.0134	1.0140	1.0145	1.0150	1.0155
0.44	1.0078	1.0084	1.0090	1.0095	1.0100	1.0105	1.0109	1.0113	1.0117	1.0120	1.0123
0.45	1.0062	1.0067	1.0071	1.0074	1.0078	1.0081	1.0084	1.0086	1.0088	1.0090	1.0091
0,46	1.0046	1.0049	1.0052	1.0054	1.0056	1.0057	1.0058	1.0059	1.0059	1.0060	1.0059
0.47	1.0031	1.0032	1.0033	1.0033	1.0033	1.0033	1.0033	1.0032	1.0031	1.0030	1.0028
0.48	1.0015	1.0014	1.0014	1.0013	1.0011	1.0010	1.0008	1.0005	1.0003	1.0000	0.9996
0.49	0.9999	0.9997	0.9995	0.9992	0.9989	0.9986	0.9982	0.9978	0.9974	0.9970	0.9965
0.50	0.9983	0.9980	0.9976	0.9972	0.9967	0.9962	0.9957	0.9952	0.9946	0.9940	0.9933

α\k	0.10	0.11	0.12	0.13	0.14	0.15	0.16	0.17	0.18	0.19	0.20
0.50	0.9983	0.9980	0.9976	0.9972	0.9967	0.9962	0.9957	0.9952	0.9946	0.9940	0.9933
0.51	0.9968	0.9963	0.9957	0.9951	0.9945	0.9939	0.9932	0.9925	0.9918	0.9910	0.9902
0.52	0.9952	0.9945	0.9938	0.9931	0.9923	0.9915	0.9907	0.9898	0.9889	0.9880	0.9870
0.53	0.9936	0.9928	0.9919	0.9911	0.9901	0.9892	0.9882	0.9872	0.9861	0.9850	0.9839
0.54	0.9921	0.9911	0.9901	0.9890	0.9879	0.9868	0.9857	0.9845	0.9833	0.9820	0.9807
0.55	0.9905	0.9893	0.9882	0.9870	0.9857	0.9845	0.9832	0.9818	0.9804	0.9790	0.9776
0.56	0.9889	0.9876	0.9863	0.9849	0.9835	0.9821	0.9806	0.9791	0.9776	0.9760	0.9744
0.57	0.9873	0.9859	0.9844	0.9829	0.9813	0.9797	0.9781	0.9765	0.9748	0.9731	0.9713
0.58	0.9858	0.9841	0.9825	0.9808	0.9791	0.9774	0.9756	0.9738	0.9720	0.9701	0.9682
0.59	0.9842	0.9824	0.9806	0.9788	0.9769	0.9750	0.9731	0.9711	0.9691	0.9671	0.9650
0.60	0.9826	0.9807	0.9787	0.9767	0.9747	0.4726	0.9706	0.9684	0.9663	0.9641	0.9619
0.61	0.9810	0.9789	0.9768	0.9747	0.9725	0.9703	0.9680	0.9657	0.9634	0.9611	0.9587
0.62	0.9794	0.9772	0.9749	0.9726	0.9703	0.9679	0.9655	0.9631	0.9606	0.9581	0.9555
0.63	0.9778	0.9754	0.9730	0.9705	0.9680	0.9655	0.9630	0.9604	0.9577	0.9551	0.9524
0.64	0.9762	0.9737	0.9711	0.9685	0.9658	0.9631	0.9604	0.9577	0.9549	0.9520	0.9492
0.65	0.9746	0.9719	0.9692	0.9664	0.9636	0.9607	0.9579	0.9549	0.9520	0.9490	0.9460
0.66	0.9730	0.9701	0.9672	0.9643	0.9613	0.9583	0.9553	0.9522	0.9491	0.9460	0.9428
0.67	0.9714	0.9684	0.9653	0.9622	0.9591	0.9559	0.9527	0.9495	0.9462	0.9429	0.9396
0.68	0.9698	0.9666	0.9634	0.9601	0.9568	0.9535	0.9501	0.9468	0.9433	0.9399	0.9364
0.69	0.9682	0.9648	0.9614	0.9580	0.9545	0.9511	0.9475	0.9440	0.9404	0.9368	0.9332
0.70	0.9665	0.9630	0.9595	0.9559	0.9523	0.9486	0.9449	0.9412	0.9375	0.9337	0.9299
0.71	0.9649	0.9612	0.9575	0.9737	0.9500	0.9462	0.9423	0.9385	0.9346	0.9306	0.9267
0.72	0.9632	0.9594	0.9555	0.9516	0.9477	0.9437	0.9397	0.9357	0.9316	0.9275	0.9234
0.73	0.9616	0.9575	0.9535	0.9494	0.9453	0.9412	0.9371	0.9329	0.9286	0.9244	0.9201
0.74	0.9599	0.9557	0.9515	0.9473	0.9430	0.9387	0.9344	0.9300	0.9257	0.9212	0.9168
0.75	0.9582	0.9539	0.9495	0.9451	0.9407	0.9362	0.9317	0.9272	0.9226	0.9181	0.9135
0.76	0.9565	0.9520	0.9474	0.9429	0.9383	0.9337	0.9290	0.9243	0.9196	0.9149	0.9101
0.77	0.9548	0.9501	0.9454	0.9407	0.9359	0.9311	0.9263	0.9214	0.9166	0.9117	0.9067
0.78	0.9530	0.9482	0.9433	0.9384	0.9335	0.9285	0.9235	0.9185	0.9135	0.9084	0.9033
0.79	0.9513	0.9463	0.9412	0.9362	0.9311	0.9259	0.9208	0.9156	0.9104	0.9051	0.8999
0.80	0.9495	0.9443	0.9391	0.9339	0.9286	0.9233	0.9180	0.9126	0.9072	0.9018	0.8964
0.81	0.9477	0.9424	0.9370	0.9316	0.9261	0.9206	0.9151	0.9096	0.9041	0.8985	0.8929
0.82	0.9459	0.9404	0.9348	0.9292	0.9236	0.9180	0.9123	0.9066	0.9009	0.8951	0.8893
0.83	0.9441	0.9384	0.9326	0.9269	0.9211	0.9152	0.9094	0.9035	0.8976	0.8917	0.8857
0.84	0.9423	0.9364	0.9304	0.9245	0.9185	0.9125	0.9065	0.9004	0.8943	0.8882	0.8821
0.85	0.9404	0.9343	0.9282	0.9220	0.9159	0.9097	0.9035	0.8972	0.8910	0.8847	0.8784
0.86	0.9385	0.9322	0.9259	0.9196	0.9132	0.9068	0.9005	0.8940	0.8876	0.8811	0.8746
0.87	0.9365	0.9300	0.9236	0.9170	0.9105	0.9039	0.8974	0.8908	0.8841	0.8775	0.8708
0.88	0.9345	0.9279	0.9212	0.9145	0.9077	0.9010	0.8942	0.8874	0.8806	0.8738	0.8669
0.89	0.9325	0.9256	0.9187	0.9118	0.9049	0.8980	0.8910	0.8840	0.8770	0.8700	0.8630
0.90	0.9304	0.9233	0.9163	0.9092	0.9020	0.8949	0.8877	0.8806	0.8734	0.8661	0.8589
0.91	0.9283	0.9210	0.9137	0.9064	0.8991	0.8917	0.8844	0.8770	0.8696	0.8622	0.8547
0.92	0.9260	0.9186	0.9111	0.9035	0.8960	0.8884	0.8809	0.8733	0.8657	0.8581	0.8504
0.93	0.9238	0.9161	0.9083	0.9000	0.8928	0.8851	0.8773	0.8695	0.8616	0.8538	0.8460
0.94	0.9214	0.9134	0.9055	0.8975	0.8895	0.8815	0.8735	0.8655	0.8574	0.8494	0.8413
0.95	0.9189	0.9107	0.9025	0.8943	0.8861	0.8778	0.8696	0.8613	0.8530	0.8447	0.8364
0.96	0.9162	0.9078	0.8993	0.8908	0.8824	0.8739	0.8654	0.8569	0.8484	0.8398	0.8313
0.97	0.9133	0.9046	0.8959	0.8871	0.8784	0.8696	0.8609	0.8521	0.8433	0.8345	0.8257
0.98	0.9101	0.9011	0.8921	0.8830	0.8740	0.8649	0.8559	0.8468	0.8377	0.8286	0.8195
0.99	0.9064	0.8970	0.8876	0.8782	0.8688	0.8594	0.8499	0.8405	0.8311	0.8217	0.8122
1.00	0.9000	0.8900	0.8800	0.8700	0.8600	0.8500	0.8400	0.8300	0.8200	0.8100	0.8000

α\k	0.20	0.21	0.22	0.23	0.24	0.25	0.26	0.27	0.28	0.29	0.30
0.00	1.2000	1.2100	1.2200	1.2300	1.2400	1.2500	1.2600	1.2700	1.2800	1.2900	1.3000
0.01	1.1861	1.1953	1.2046	1.2139	1.2231	1.2324	1.2416	1.2508	1.2601	1.2693	1.2786
0.02	1.1778	1.1867	1.1955	1.2043	1.2131	1.2219	1.2307	1.2395	1.2483	1.2571	1.2659
0.03	1.1709	1.1793	1.1878	1.1962	1.2047	1.2131	1.2215	1.2299	1.2384	1.2468	1.2552
0.04	1.1646	1.1728	1.1809	1.1890	1.1971	1.2052	1.2133	1.2214	1.2294	1.2375	1.2456
0.05	1.1589	1.1667	1.1745	1.1823	1.1901	1.1979	1.2057	1.2135	1.2212	1.2290	1.2367
0.06	1.1534	1.1610	1.1685	1.1760	1.1836	1.1911	1.1985	1.2060	1.2135	1.2210	1.2284
0.07	1.1483	1.1556	1.1628	1.1701	1.1773	1.1845	1.1918	1.1990	1.2062	1.2133	1.2205
0.08	1.1434	1.1504	1.1574	1.1644	1.1714	1.1783	1.1853	1.1922	1.1991	1.2061	1.2130
0.09	1.1386	1.1454	1.1522	1.1589	1.1656	1.1723	1.1790	1.1857	1.1924	1.1990	1.2057
0.10	1.1340	1.1406	1.1471	1.1536	1.1601	1.1665	1.1730	1.1794	1.1859	1.1923	1.1987
0.11	1.1296	1.1359	1.1422	1.1484	1.1547	1.1609	1.1671	1.1733	1.1795	1.1857	1.1918
0.12	1.1252	1.1313	1.1374	1.1434	1.1494	1.1554	1.1614	1.1674	1.1733	1.1793	1.1852
0.13	1.1210	1.1269	1.1327	1.1385	1.1443	1.1501	1.1558	1.1616	1.1673	1.1730	1.1787
0.14	1.1169	1.1225	1.1281	1.1337	1.1393	1.1448	1.1504	1.1559	1.1614	1.1669	1.1724
0.15	1.1128	1.1182	1.1236	1.1290	1.1344	1.1397	1.1450	1.1504	1.1556	1.1609	1.1662
0.16	1.1088	1.1140	1.1192	1.1244	1.1296	1.1347	1.1398	1.1449	1.1500	1.1550	1.1601
0.17	1.1049	1.1099	1.1149	1.1199	1.1248	1.1297	1.1346	1.1395	1.1444	1.1492	1.1541
0.18	1.1010	1.1058	1.1106	1.1154	1.1201	1.1249	1.1296	1.1343	1.1389	1.1436	1.1482
0.19	1.0972	1.1018	1.1064	1.1110	1.1155	1.1201	1.1246	1.1291	1.1335	1.1380	1.1424
0.20	1.0935	1.0979	1.1023	1.1067	1.1110	1.1153	1.1196	1.1239	1.1282	1.1324	1.1366
0.21	1.0898	1.0940	1.0982	1.1024	1.1065	1.1107	1.1148	1.1189	1.1229	1.1270	1.1310
0.22	1.0861	1.0901	1.0942	1.0981	1.1021	1.1061	1.1100	1.1139	1.1177	1.1216	1.1254
0.23	1.0825	1.0863	1.0902	1.0940	1.0977	1.1015	1.1052	1.1089	1.1126	1.1163	1.1199
0.24	1.0789	1.0826	1.0862	1.0898	1.0934	1.0970	1.1005	1.1040	1.1075	1.1110	1.1144
0.25	1.0753	1.0788	1.0823	1.0857	1.0891	1.0925	1.0959	1.0992	1.1025	1.1058	1.1090
0.26	1.0718	1.0751	1.0784	1.0817	1.0849	1.0881	1.0913	1.0944	1.0975	1.1006	1.1037
0.27	1.0683	1.0715	1.0746	1.0776	1.0807	1.0837	1.0867	1.0897	1.0926	1.0955	1.0984
0.28	1.0649	1.0678	1.0708	1.0736	1.0765	1.0794	1.0822	1.0849	1.0877	1.0904	1.0931
0.29	1.0615	1.0642	1.0670	1.0697	1.0724	1.0750	1.0777	1.0803	1.0828	1.0854	1.0879
0.30	1.0581	1.0607	1.0632	1.0658	1.0683	1.0708	1.0732	1.0756	1.0780	1.0804	1.0827
0.31	1.0547	1.0571	1.0595	1.0619	1.0642	1.0665	1.0688	1.0710	1.0733	1.0754	1.0776
0.32	1.0513	1.0536	1.0558	1.0580	1.0602	1.0623	1.0644	1.0665	1.0685	1.0705	1.0725
0.33	1.0480	1.0501	1.0521	1.0541	1.0561	1.0581	1.0600	1.0619	1.0638	1.0656	1.0674
0.34	1.0447	1.0466	1.0485	1.0503	1.0521	1.0539	1.0557	1.0574	1.0591	1.0608	1.0624
0.35	1.0414	1.0431	1.0448	1.0465	1.0482	1.0498	1.0514	1.0529	1.0545	1.0559	1.0574
0.36	1.0381	1.0397	1.0412	1.0427	1.0442	1.0457	1.0471	1.0485	1.0498	1.0511	1.0524
0.37	1.0348	1.0362	1.0376	1.0389	1.0403	1.0415	1.0428	1.0440	1.0452	1.0464	1.0475
0.38	1.0316	1.0328	1.0340	1.0352	1.0363	1.0375	1.0385	1.0396	1.0406	1.0416	1.0426
0.39	1.0283	1.0294	1.0304	1.0315	1.0324	1.0334	1.0343	1.0352	1.0361	1.0369	1.0377
0.40	1.0251	1.0260	1.0269	1.0277	1.0286	1.0293	1.0301	1.0308	1.0315	1.0322	1.0328
0.41	1.0219	1.0226	1.0233	1.0240	1.0247	1.0253	1.0259	1.0265	1.0270	1.0275	1.0279
0.42	1.0187	1.0193	1.0198	1.0203	1.0208	1.0213	1.0217	1.0221	1.0225	1.0228	1.0231
0.43	1.0155	1.0159	1.0163	1.0167	1.0170	1.0173	1.0175	1.0178	1.0180	1.0181	1.0183
0.44	1.0123	1.0126	1.0128	1.0130	1.0132	1.0133	1.0134	1.0135	1.0135	1.0135	1.0134
0.45	1.0091	1.0092	1.0093	1.0093	1.0093	1.0093	1.0092	1.0091	1.0090	1.0088	1.0086
0.46	1.0059	1.0059	1.0058	1.0057	1.0055	1.0053	1.0051	1.0048	1.0046	1.0042	1.0039
0.47	1.0028	1.0026	1.0023	1.0020	1.0017	1.0014	1.0010	1.0006	1.0001	0.9996	0.9991
0.48	0.9996	0.9992	0.9988	0.9984	0.9979	0.9974	0.9969	0.9963	0.9957	0.9950	0.9943
0.49	0.9965	0.9959	0.9954	0.9948	0.9941	0.9935	0.9928	0.9920	0.9912	0.9904	0.9896
0.50	0.9933	0.9926	0.9919	0.9911	0.9903	0.9895	0.9887	0.9878	0.9868	0.9859	0.9849

α\k	0.20	0.21	0.22	0.23	0.24	0.25	0.26	0.27	0.28	0.29	0.30
0.50	0.9933	0.9926	0.9919	0.9911	0.9903	0.9895	0.9887	0.9878	0.9868	0.9859	0.9849
0.51	0.9902	0.9893	0.9884	0.9875	0.9866	0.9856	0.9846	0.9835	0.9824	0.9813	0.9801
0.52	0.9870	0.9860	0.9850	0.9839	0.9828	0.9816	0.9805	0.9792	0.9780	0.9767	0.9754
0.53	0.9839	0.9827	0.9815	0.9803	0.9790	0.9777	0.9764	0.9750	0.9736	0.9721	0.9707
0.54	0.9807	0.9794	0.9781	0.9767	0.9752	0.9738	0.9723	0.9708	0.9692	0.9676	0.9659
0.55	0.9776	0.9761	0.9746	0.9731	0.9715	0.9699	0.9682	0.9665	0.9648	0.9630	0.9612
0.56	0.9744	0.9728	0.9711	0.9694	0.9677	0.9659	0.9641	0.9623	0.9604	0.9585	0.9565
0.57	0.9713	0.9695	0.9677	0.9658	0.9639	0.9620	0.9600	0.9580	0.9560	0.9539	0.9518
0.58	0.9682	0.9662	0.9642	0.9622	0.9602	0.9581	0.9559	0.9538	0.9516	0.9494	0.9471
0.59	0.9650	0.9629	0.9608	0.9586	0.9564	0.9541	0.9519	0.9495	0.9472	0.9448	0.9424
0.60	0.9619	0.9596	0.9573	0.9550	0.9526	0.9502	0.9478	0.9453	0.9428	0.9402	0.9377
0.61	0.9587	0.9563	0.9538	0.9513	0.9488	0.9463	0.9437	0.9410	0.9384	0.9357	0.9329
0.62	0.9555	0.9530	0.9504	0.9477	0.9450	0.9423	0.9396	0.9368	0.9340	0.9311	0.9282
0.63	0.9524	0.9496	0.9469	0.9441	0.9412	0.9384	0.9355	0.9325	0.9295	0.9265	0.9235
0.64	0.9492	0.9463	0.9434	0.9404	0.9374	0.9344	0.9313	0.9282	0.9251	0.9219	0.9187
0.65	0.9460	0.9430	0.9399	0.9368	0.9336	0.9304	0.9272	0.9240	0.9207	0.9173	0.9140
0.66	0.9248	0.9396	0.9364	0.9331	0.9298	0.9265	0.9231	0.9197	0.9162	0.9127	0.9092
0.67	0.9396	0.9362	0.9329	0.9294	0.9260	0.9225	0.9189	0.9154	0.9118	0.9081	0.9045
0.68	0.9364	0.9329	0.9293	0.9257	0.9221	0.9185	0.9148	0.9110	0.9073	0.9035	0.8997
0.69	0.9332	0.9295	0.9258	0.9220	0.9183	0.9144	0.9106	0.9067	0.9028	0.8988	0.8949
0.70	0.9299	0.9261	0.9222	0.9183	0.9144	0.9104	0.9064	0.9024	0.8983	0.8942	0.8900
0.71	0.9267	0.9227	0.9186	0.9146	0.9105	0.9064	0.9022	0.8980	0.8938	0.8895	0.8852
0.72	0.9234	0.9192	0.9150	0.9108	0.9066	0.9023	0.8980	0.8936	0.8892	0.8848	0.8803
0.73	0.9201	0.9158	0.9114	0.9070	0.9026	0.8982	0.8937	0.8892	0.8846	0.8801	0.8754
0.74	0.9168	0.9123	0.9078	0.9033	0.8987	0.8941	0.8894	0.8848	0.8800	0.8753	0.8705
0.75	0.9135	0.9088	0.9041	0.8994	0.8947	0.8899	0.8851	0.8803	0.8754	0.8705	0.8656
0.76	0.9101	0.9053	0.9005	0.8956	0.8907	0.8858	0.8808	0.8758	0.8708	0.8657	0.8606
0.77	0.9067	0.9017	0.8967	0.8917	0.8866	0.8816	0.8764	0.8713	0.8661	0.8609	0.8556
0.78	0.9033	0.8982	0.8930	0.8878	0.8826	0.8773	0.8720	0.8667	0.8614	0.8560	0.8506
0.79	0.8999	0.8946	0.8892	0.8839	0.8785	0.8731	0.8676	0.8621	0.8566	0.8511	0.8455
0.80	0.8964	0.8909	0.8854	0.8799	0.8743	0.8687	0.8631	0.8575	0.8518	0.8461	0.8404
0.81	0.8929	0.8872	0.8816	0.8759	0.8701	0.8644	0.8586	0.8528	0.8470	0.8411	0.8352
0.82	0.8893	0.8835	0.8777	0.8718	0.8659	0.8600	0.8540	0.8481	0.8421	0.8360	0.8299
0.83	0.8857	0.8797	0.8737	0.8677	0.8616	0.8555	0.8494	0.8433	0.8371	0.8309	0.8247
0.84	0.8821	0.8759	0.8697	0.8635	0.8573	0.8510	0.8447	0.8384	0.8321	0.8257	0.8193
0.85	0.8784	0.8721	0.8657	0.8593	0.8529	0.8465	0.8400	0.8335	0.8270	0.8204	0.8139
0.86	0.8746	0.8681	0.8616	0.8550	0.8484	0.8418	0.8352	0.8285	0.8218	0.8151	0.8084
0.87	0.8708	0.8641	0.8574	0.8507	0.8439	0.8371	0.8303	0.8234	0.8166	0.8097	0.8028
0.88	0.8669	0.8601	0.8532	0.8462	0.8393	0.8323	0.8253	0.8183	0.8112	0.8042	0.7971
0.89	0.8630	0.8559	0.8488	0.8417	0.8345	0.8274	0.8202	0.8130	0.8058	0.7985	0.7912
0.90	0.8589	0.8516	0.8443	0.8370	0.8297	0.8224	0.8150	0.8076	0.8002	0.7928	0.7853
0.91	0.8547	0.8473	0.8398	0.8323	0.8248	0.8172	0.8097	0.8021	0.7945	0.7868	0.7792
0.92	0.8504	0.8427	0.8351	0.8274	0.8196	0.8119	0.8041	0.7964	0.7886	0.7808	0.7729
0.93	0.8460	0.8381	0.8302	0.8223	0.8144	0.8064	0.7985	0.7905	0.7825	0.7745	0.7664
0.94	0.8413	0.8332	0.8251	0.8170	0.8089	0.8007	0.7925	0.7843	0.7761	0.7679	0.7597
0.95	0.8364	0.8281	0.8198	0.8114	0.8031	0.7947	0.7863	0.7779	0.7695	0.7611	0.7526
0.96	0.8313	0.8227	0.8142	0.8056	0.7970	0.7884	0.7797	0.7711	0.7624	0.7538	0.7451
0.97	0.8257	0.8169	0.8081	0.7992	0.7904	0.7815	0.7726	0.7638	0.7549	0.7460	0.7370
0.98	0.8195	0.8104	0.8013	0.7922	0.7831	0.7739	0.7648	0.7556	0.7465	0.7373	0.7281
0.99	0.8122	0.8028	0.7933	0.7839	0.7744	0.7650	0.7555	0.7460	0.7366	0.7271	0.7176
1.00	0.8000	0.7900	0.7800	0.7700	0.7600	0.7500	0.7400	0.7300	0.7200	0.7100	0.7000

α\k	0.30	0.31	0.32	0.33	0.34	0.35	0.36	0.37	0.38	0.39	0.40
0.00	1.3000	1.3100	1.3200	1.3300	1.3400	1.3500	1.3600	1.3700	1.3800	1.3900	1.4000
0.01	1.2786	1.2878	1.2970	1.3062	1.3155	1.3247	1.3339	1.3431	1.3523	1.3615	1.3707
0.02	1.2659	1.2746	1.2834	1.2922	1.3009	1.3097	1.3184	1.3272	1.3359	1.3446	1.3534
0.03	1.2552	1.2636	1.2719	1.2803	1.2887	1.2970	1.3054	1.3138	1.3221	1.3304	1.3388
0.04	1.2456	1.2536	1.2617	1.2697	1.2777	1.2857	1.2937	1.3017	1.3097	1.3177	1.3257
0.05	1.2367	1.2444	1.2522	1.2599	1.2676	1.2753	1.2830	1.2906	1.2983	1.3060	1.3136
0.06	1.2284	1.2358	1.2433	1.2557	1.2581	1.2655	1.2728	1.2802	1.2876	1.2949	1.3023
0.07	1.2205	1.2277	1.2348	1.2419	1.2491	1.2562	1.2633	1.2703	1.2774	1.2845	1.2915
0.08	1.2130	1.2198	1.2267	1.2336	1.2404	1.2473	1.2541	1.2609	1.2677	1.2745	1.2812
0.09	1.2057	1.2123	1.2189	1.2255	1.2321	1.2387	1.2452	1.2518	1.2583	1.2648	1.2713
0.10	1.1987	1.2050	1.2114	1.2177	1.2241	1.2304	1.2367	1.2430	1.2493	1.2555	1.2618
0.11	1.1918	1.1980	1.2041	1.2102	1.2163	1.2224	1.2284	1.2345	1.2405	1.2465	1.2525
0.12	1.1852	1.1911	1.1970	1.2028	1.2087	1.2145	1.2203	1.2261	1.2319	1.2377	1.2434
0.13	1.1787	1.1844	1.1900	1.1957	1.2013	1.2069	1.2125	1.2180	1.2236	1.2291	1.2346
0.14	1.1724	1.1778	1.1832	1.1887	1.1940	1.1994	1.2048	1.2101	1.2154	1.2207	1.2260
0.15	1.1662	1.1714	1.1766	1.1818	1.1870	1.1921	1.1972	1.2023	1.2074	1.2125	1.2176
0.16	1.1601	1.1651	1.1701	1.1750	1.1800	1.1849	1.1898	1.1947	1.1996	1.2045	1.2093
0.17	1.1541	1.1589	1.1636	1.1684	1.1731	1.1779	1.1826	1.1872	1.1919	1.1965	1.2012
0.18	1.1482	1.1528	1.1573	1.1619	1.1664	1.1709	1.1754	1.1799	1.1843	1.1887	1.1932
0.19	1.1424	1.1468	1.1511	1.1555	1.1598	1.1641	1.1684	1.1726	1.1769	1.1811	1.1853
0.20	1.1366	1.1408	1.1450	1.1491	1.1533	1.1574	1.1614	1.1655	1.1695	1.1735	1.1775
0.21	1.1310	1.1350	1.1389	1.1429	1.1468	1.1507	1.1546	1.1584	1.1623	1.1661	1.1698
0.22	1.1254	1.1292	1.1330	1.1367	1.1404	1.1441	1.1478	1.1515	1.1551	1.1587	1.1623
0.23	1.1199	1.1235	1.1271	1.1306	1.1341	1.1377	1.1411	1.1446	1.1480	1.1514	1.1548
0.24	1.1144	1.1178	1.1212	1.1246	1.1279	1.1312	1.1345	1.1378	1.1410	1.1442	1.1474
0.25	1.1090	1.1123	1.1154	1.1186	1.1218	1.1249	1.1280	1.1310	1.1341	1.1371	1.1401
0.26	1.1037	1.1067	1.1097	1.1127	1.1157	1.1186	1.1215	1.1244	1.1272	1.1301	1.1329
0.27	1.0984	1.1012	1.1041	1.1069	1.1096	1.1124	1.1151	1.1178	1.1204	1.1231	1.1257
0.28	1.0931	1.0958	1.0984	1.1011	1.1036	1.1062	1.1087	1.1112	1.1137	1.1162	1.1186
0.29	1.0879	1.0904	1.0929	1.0953	1.0977	1.1001	1.1024	1.1047	1.1070	1.1093	1.1115
0.30	1.0827	1.0851	1.0873	1.0896	1.0918	1.0940	1.0962	1.0983	1.1004	1.1025	1.1045
0.31	1.0776	1.0797	1.0818	1.0839	1.0860	1.0880	1.0900	1.0919	1.0938	1.0957	1.0976
0.32	1.0725	1.0745	1.0764	1.0783	1.0802	1.0820	1.0838	1.0856	1.0873	1.0890	1.0907
0.33	1.0674	1.0692	1.0710	1.0727	1.0744	1.0761	1.0777	1.0793	1.0809	1.0824	1.0839
0.34	1.0624	1.0640	1.0656	1.0671	1.0687	1.0701	1.0716	1.0730	1.0744	1.0758	1.0771
0.35	1.0574	1.0589	1.0603	1.0616	1.0630	1.0643	1.0656	1.0668	1.0680	1.0692	1.0704
0.36	1.0524	1.0537	1.0549	1.0561	1.0573	1.0584	1.0595	1.0606	1.0617	1.0627	1.0637
0.37	1.0475	1.0486	1.0496	1.0507	1.0517	1.0526	1.0536	1.0545	1.0553	1.0562	1.0570
0.38	1.0426	1.0435	1.0444	1.0452	1.0461	1.0469	1.0474	1.0484	1.0491	1.0497	1.0503
0.39	1.0377	1.0384	1.0391	1.0398	1.0405	1.0411	1.0417	1.0423	1.0428	1.0433	1.0438
0.40	1.0328	1.0334	1.0339	1.0345	1.0349	1.0354	1.0358	1.0362	1.0366	1.0369	1.0372
0.41	1.0279	1.0283	1.0287	1.0291	1.0294	1.0297	1.0300	1.0302	1.0304	1.0305	1.0306
0.42	1.0231	1.0233	1.0236	1.0238	1.0239	1.0240	1.0241	1.0242	1.0242	1.0242	1.0241
0.43	1.0183	1.0183	1.0184	1.0184	1.0184	1.0184	1.0183	1.0182	1.0180	1.0179	1.0176
0.44	1.0134	1.0134	1.0133	1.0131	1.0130	1.0127	1.0125	1.0122	1.0119	1.0116	1.0112
0.45	1.0086	1.0084	1.0081	1.0078	1.0075	1.0071	1.0067	1.0063	1.0058	1.0053	1.0047
0.46	1.0039	1.0035	1.0030	1.0026	1.0021	1.0015	1.0010	1.0004	0.9997	0.9990	0.9983
0.47	0.9991	0.9985	0.9979	0.9973	0.9967	0.9960	0.9952	0.9945	0.9937	0.9928	0.9919
0.48	0.9943	0.9936	0.9929	0.9921	0.9913	0.9904	0.9895	0.9886	0.9876	0.9866	0.9856
0.49	0.9896	0.9887	0.9878	0.9868	0.9859	0.9848	0.9838	0.9827	0.9816	0.9804	0.9792
0.50	0.9849	0.9838	0.9827	0.9816	0.9805	0.9793	0.9781	0.9768	0.9755	0.9742	0.9728

α\k	0.30	0.31	0.32	0.33	0.34	0.35	0.36	0.37	0.38	0.39	0.40
0.50	0.9849	0.9838	0.9827	0.9816	0.9805	0.9793	0.9781	0.9768	0.9755	0.9742	0.9728
0.51	0.9801	0.9789	0.9777	0.9764	0.9751	0.9738	0.9724	0.9710	0.9695	0.9680	0.9665
0.52	0.9754	0.9740	0.9726	0.9712	0.9697	0.9682	0.9667	0.9651	0.9635	0.9619	0.9602
0.53	0.9707	0.9692	0.9676	0.9660	0.9644	0.9627	0.9610	0.9593	0.9575	0.9557	0.9539
0.54	0.9659	0.9643	0.9626	0.9608	0.9590	0.9572	0.9554	0.9535	0.9515	0.9496	0.9476
0.55	0.9612	0.9594	0.9575	0.9556	0.9537	0.9517	0.9497	0.9476	0.9456	0.9434	0.9413
0.56	0.9565	0.9545	0.9525	0.9504	0.9483	0.9462	0.9440	0.9418	0.9396	0.9373	0.9350
0.57	0.9518	0.9497	0.9475	0.9453	0.9430	0.9407	0.9384	0.9360	0.9336	0.9312	0.9287
0.58	0.9471	0.9448	0.9425	0.9401	0.9377	0.9352	0.9327	0.9302	0.9276	0.9250	0.9224
0.59	0.9424	0.9399	0.9374	0.9349	0.9323	0.9297	0.9271	0.9244	0.9217	0.9189	0.9161
0.60	0.9377	0.9350	0.9324	0.9297	0.9270	0.9242	0.9214	0.9186	0.9157	0.9128	0.9098
0.61	0.9329	0.9302	0.9274	0.9245	0.9216	0.9187	0.9158	0.9128	0.9097	0.9067	0.9035
0.62	0.9282	0.9253	0.9223	0.9193	0.9163	0.9132	0.9101	0.9069	0.9037	0.9005	0.8973
0.63	0.9235	0.9204	0.9173	0.9141	0.9109	0.9077	0.9044	0.9011	0.8978	0.8944	0.8910
0.64	0.9187	0.9155	0.9122	0.9089	0.9056	0.9022	0.8987	0.8953	0.8918	0.8882	0.8847
0.65	0.9140	0.9106	0.9072	0.9037	0.9002	0.8966	0.8931	0.8894	0.8858	0.8821	0.8784
0.66	0.9092	0.9057	0.9021	0.8985	0.8948	0.8911	0.8874	0.8836	0.8798	0.8759	0.8720
0.67	0.9045	0.9007	0.8970	0.8932	0.8894	0.8855	0.8817	0.8777	0.8738	0.8697	0.8657
0.68	0.8997	0.8958	0.8919	0.8880	0.8840	0.8800	0.8759	0.8718	0.8677	0.8636	0.8594
0.69	0.8949	0.8908	0.8868	0.8827	0.8786	0.8744	0.8702	0.8659	0.8617	0.8574	0.8530
0.70	0.8900	0.8859	0.8816	0.8774	0.8731	0.8688	0.8644	0.8600	0.8556	0.8511	0.8466
0.71	0.8852	0.8809	0.8765	0.8721	0.8676	0.8632	0.8586	0.8541	0.8495	0.8449	0.8402
0.72	0.8803	0.8758	0.8713	0.8667	0.8621	0.8575	0.8528	0.8481	0.8434	0.8386	0.8338
0.73	0.8754	0.8708	0.8661	0.8614	0.8566	0.8518	0.8470	0.8422	0.8373	0.8323	0.8273
0.74	0.8705	0.8657	0.8609	0.8560	0.8511	0.8461	0.8412	0.8361	0.8311	0.8260	0.8209
0.75	0.8656	0.8606	0.8556	0.8506	0.8455	0.8404	0.8353	0.8301	0.8249	0.8196	0.8143
0.76	0.8606	0.8555	0.8503	0.8451	0.8399	0.8346	0.8294	0.8240	0.8186	0.8132	0.8078
0.77	0.8556	0.8503	0.8450	0.8397	0.8343	0.8288	0.8234	0.8179	0.8124	0.8068	0.8012
0.78	0.8506	0.8451	0.8396	0.8341	0.8286	0.8230	0.8174	0.8117	0.8061	0.8003	0.7946
0.79	0.8455	0.8399	0.8342	0.8286	0.8229	0.8171	0.8113	0.8055	0.7997	0.7938	0.7879
0.80	0.8404	0.8346	0.8288	0.8230	0.8171	0.8112	0.8053	0.7993	0.7933	0.7873	0.7812
0.81	0.8352	0.8292	0.8233	0.8173	0.8113	0.8052	0.7991	0.7930	0.7868	0.7806	0.7744
0.82	0.8299	0.8239	0.8177	0.8116	0.8054	0.7991	0.7929	0.7866	0.7803	0.7739	0.7675
0.83	0.8247	0.8184	0.8121	0.8058	0.7994	0.7930	0.7866	0.7802	0.7737	0.7672	0.7606
0.84	0.8193	0.8129	0.8064	0.7999	0.7934	0.7868	0.7803	0.7737	0.7670	0.7603	0.7536
0.85	0.8139	0.8073	0.8006	0.7940	0.7873	0.7806	0.7738	0.7671	0.7603	0.7534	0.7465
0.86	0.8084	0.8016	0.7948	0.7880	0.7811	0.7742	0.7673	0.7604	0.7534	0.7464	0.7394
0.87	0.8028	0.7958	0.7888	0.7818	0.7748	0.7678	0.7607	0.7536	0.7464	0.7393	0.7321
0.88	0.7971	0.7899	0.7828	0.7756	0.7684	0.7612	0.7539	0.7467	0.7394	0.7320	0.7247
0.89	0.7912	0.7839	0.7766	0.7693	0.7619	0.7545	0.7471	0.7396	0.7321	0.7246	0.7171
0.90	0.7853	0.7778	0.7703	0.7628	0.7552	0.7476	0.7400	0.7324	0.7248	0.7171	0.7094
0.91	0.7792	0.7715	0.7638	0.7561	0.7484	0.7406	0.7328	0.7250	0.7172	0.7094	0.7015
0.92	0.7729	0.7651	0.7572	0.7493	0.7414	0.7334	0.7254	0.7175	0.7094	0.7014	0.6933
0.93	0.7664	0.7584	0.7303	0.7422	0.7341	0.7260	0.7178	0.7096	0.7014	0.6932	0.6850
0.94	0.7597	0.7514	0.7431	0.7348	0.7265	0.7182	0.7099	0.7015	0.6931	0.6847	0.6763
0.95	0.7526	0.7441	0.7356	0.7271	0.7186	0.7101	0.7015	0.6930	0.6844	0.6758	0.6672
0.96	0.7451	0.7364	0.7277	0.7190	0.7103	0.7015	0.6927	0.6840	0.6752	0.6640	0.6575
0.97	0.7370	0.7281	0.7192	0.7102	0.7013	0.6923	0.6833	0.6743	0.6653	0.6562	0.6472
0.98	0.7281	0.7189	0.7097	0.7005	0.6913	0.6821	0.6728	0.6636	0.6543	0.6450	0.6357
0.99	0.7176	0.7081	0.6986	0.6891	0.6796	0.6706	0.6605	0.6510	0.6414	0.6319	0.6223
1.00	0.7000	0.6900	0.6800	0.6700	0.6600	0.6500	0.6400	0.6300	0.6200	0.6100	0.6000

α\k	0.40	0.41	0.42	0.43	0.44	0.45	0.46	0.47	0.48	0.49	0.50
0.00	1.4000	1.4100	1.4200	1.4300	1.4400	1.4500	1.4600	1.4700	1.4800	1.4900	1.5000
0.01	1.3707	1.3799	1.3891	1.3983	1.4075	1.4167	1.4258	1.4350	1.4442	1.4534	1.4625
0.02	1.3534	1.3621	1.3708	1.3795	1.3882	1.3969	1.4056	1.4143	1.4230	1.4317	1.4404
0.03	1.3388	1.3471	1.3554	1.3637	1.3720	1.3803	1.3886	1.3969	1.4052	1.4135	1.4217
0.04	1.3257	1.3336	1.3416	1.3496	1.3575	1.3654	1.3734	1.3813	1.3892	1.3971	1.4050
0.05	1.3136	1.3212	1.3289	1.3365	1.3441	1.3517	1.3593	1.3669	1.3745	1.3820	1.3896
0.06	1.3023	1.3096	1.3169	1.3242	1.3315	1.3388	1.3461	1.3534	1.3606	1.3679	1.3751
0.07	1.2915	1.2986	1.3056	1.3136	1.3196	1.3266	1.3336	1.3405	1.3475	1.3544	1.3614
0.08	1.2812	1.2880	1.2947	1.3015	1.3082	1.3149	1.3216	1.3283	1.3349	1.3416	1.3483
0.09	1.2713	1.2778	1.2843	1.2908	1.2972	1.3036	1.3101	1.3165	1.3229	1.3293	1.3356
0.10	1.2618	1.2680	1.2742	1.2804	1.2866	1.2928	1.2989	1.3051	1.3112	1.3173	1.3234
0.11	1.2525	1.2585	1.2644	1.2704	1.2763	1.2822	1.2881	1.2940	1.2999	1.3057	1.3116
0.12	1.2434	1.2492	1.2549	1.2606	1.2663	1.2720	1.2776	1.2832	1.2889	1.2945	1.3001
0.13	1.2346	1.2401	1.2456	1.2511	1.2565	1.2619	1.2674	1.2727	1.2781	1.2835	1.2888
0.14	1.2260	1.2313	1.2365	1.2418	1.2470	1.2522	1.2573	1.2625	1.2676	1.2727	1.2778
0.15	1.2176	1.2226	1.2276	1.2326	1.2376	1.2426	1.2475	1.2524	1.2573	1.2622	1.2671
0.16	1.2093	1.2141	1.2189	1.2237	1.2284	1.2332	1.2379	1.2426	1.2472	1.2519	1.2565
0.17	1.2012	1.2058	1.2103	1.2149	1.2194	1.2239	1.2284	1.2329	1.2373	1.2418	1.2462
0.18	1.1932	1.1975	1.2019	1.2062	1.2105	1.2148	1.2191	1.2234	1.2276	1.2318	1.2360
0.19	1.1853	1.1894	1.1936	1.1977	1.2018	1.2059	1.2100	1.2140	1.2180	1.2220	1.2260
0.20	1.1775	1.1815	1.1854	1.1893	1.1932	1.1971	1.2009	1.2048	1.2086	1.2123	1.2161
0.21	1.1698	1.1736	1.1773	1.1810	1.1847	1.1884	1.1920	1.1956	1.1992	1.2028	1.2063
0.22	1.1623	1.1658	1.1694	1.1729	1.1763	1.1798	1.1832	1.1866	1.1900	1.1934	1.1967
0.23	1.1548	1.1582	1.1615	1.1648	1.1681	1.1713	1.1746	1.1778	1.1809	1.1841	1.1872
0.24	1.1474	1.1506	1.1537	1.1568	1.1599	1.1629	1.1660	1.1690	1.1720	1.1749	1.1778
0.25	1.1401	1.1431	1.1460	1.1489	1.1518	1.1546	1.1575	1.1603	1.1631	1.1658	1.1685
0.26	1.1329	1.1356	1.1384	1.1411	1.1438	1.1464	1.1491	1.1517	1.1543	1.1568	1.1594
0.27	1.1257	1.1283	1.1308	1.1333	1.1358	1.1383	1.1408	1.1432	1.1456	1.1479	1.1503
0.28	1.1186	1.1210	1.1233	1.1257	1.1280	1.1303	1.1325	1.1347	1.1369	1.1391	1.1412
0.29	1.1115	1.1137	1.1159	1.1181	1.1202	1.1223	1.1243	1.1264	1.1284	1.1303	1.1323
0.30	1.1045	1.1066	1.1086	1.1105	1.1125	1.1144	1.1162	1.1181	1.1199	1.1217	1.1234
0.31	1.0976	1.0995	1.1013	1.1030	1.1048	1.1065	1.1082	1.1099	1.1115	1.1131	1.1146
0.32	1.0907	1.0924	1.0940	1.0956	1.0972	1.0987	1.1002	1.1017	1.1031	1.1045	1.1059
0.33	1.0839	1.0854	1.0868	1.0882	1.0896	1.0910	1.0923	1.0936	1.0948	1.0961	1.0973
0.34	1.0771	1.0784	1.0797	1.0809	1.0821	1.0833	1.0844	1.0855	1.0866	1.0877	1.0887
0.35	1.0704	1.0715	1.0726	1.0736	1.0747	1.0756	1.0766	1.0775	1.0784	1.0793	1.0801
0.36	1.0637	1.0646	1.0655	1.0664	1.0672	1.0681	1.0688	1.0696	1.0703	1.0710	1.0716
0.37	1.0570	1.0578	1.0585	1.0592	1.0599	1.0605	1.0611	1.0617	1.0622	1.0627	1.0632
0.38	1.0503	1.0509	1.0515	1.0520	1.0525	1.0530	1.0534	1.0538	1.0542	1.0545	1.0548
0.39	1.0438	1.0442	1.0446	1.0449	1.0453	1.0455	1.0458	1.0460	1.0462	1.0464	1.0465
0.40	1.0372	1.0374	1.0377	1.0378	1.0380	1.0381	1.0382	1.0382	1.0383	1.0382	1.0382
0.41	1.0306	1.0307	1.0308	1.0308	1.0308	1.0307	1.0306	1.0305	1.0303	1.0302	1.0299
0.42	1.0241	1.0240	1.0239	1.0238	1.0236	1.0234	1.0231	1.0228	1.0225	1.0221	1.0217
0.43	1.0176	1.0174	1.0171	1.0168	1.0164	1.0160	1.0156	1.0151	1.0146	1.0141	1.0135
0.44	1.0112	1.0108	1.0103	1.0098	1.0093	1.0087	1.0081	1.0075	1.0068	1.0061	1.0054
0.45	1.0047	1.0042	1.0035	1.0029	1.0022	1.0015	1.0007	0.9999	0.9991	0.9982	0.9973
0.46	0.9983	0.9976	0.9968	0.9960	0.9951	0.9942	0.9933	0.9923	0.9913	0.9903	0.9892
0.47	0.9919	0.9910	0.9901	0.9891	0.9881	0.9870	0.9859	0.9848	0.9836	0.9824	0.9811
0.48	0.9856	0.9845	0.9834	0.9822	0.9810	0.9798	0.9785	0.977[illegible]	0.9759	0.9745	0.9731
0.49	0.9792	0.9779	0.9767	0.9754	0.9740	0.9726	0.9712	0.9697	0.9682	0.9667	0.9651
0.50	0.9728	0.9714	0.9700	0.9685	0.9670	0.9654	0.9639	0.9622	0.9605	0.9588	0.9571

a\k	0.40	0.41	0.42	0.43	0.44	0.45	0.46	0.47	0.48	0.49	0.50
0.50	0.9728	0.9714	0.9700	0.9685	0.9670	0.9654	0.9639	0.9622	0.9605	0.9588	0.9571
0.51	0.9665	0.9649	0.9633	0.9617	0.9600	0.9583	0.9565	0.9547	0.9529	0.9510	0.9491
0.52	0.9602	0.9585	0.9567	0.9549	0.9530	0.9512	0.9492	0.9473	0.9453	0.9433	0.9412
0.53	0.9539	0.9520	0.9501	0.9481	0.9461	0.9440	0.9420	0.9398	0.9377	0.9355	0.9332
0.54	0.9476	0.9455	0.9434	0.9413	0.9391	0.9369	0.9347	0.9324	0.9301	0.9277	0.9253
0.55	0.9413	0.9391	0.9368	0.9345	0.9322	0.9298	0.9274	0.9250	0.9225	0.9200	0.9174
0.56	0.9350	0.9326	0.9302	0.9278	0.9253	0.9228	0.9202	0.9176	0.9150	0.9123	0.9095
0.57	0.9287	0.9262	0.9236	0.9210	0.9184	0.9157	0.9130	0.9102	0.9074	0.9046	0.9017
0.58	0.9224	0.9197	0.9170	0.9142	0.9114	0.9086	0.9057	0.9028	0.8098	0.8968	0.8938
0.59	0.9161	0.9133	0.9104	0.9075	0.9045	0.9015	0.8985	0.8954	0.8923	0.8891	0.8859
0.60	0.9098	0.9068	0.9038	0.9007	0.8976	0.8945	0.8913	0.8880	0.8848	0.8814	0.8781
0.61	0.9035	0.9004	0.8972	0.8940	0.8907	0.8874	0.8840	0.8807	0.8772	0.8737	0.8702
0.62	0.8973	0.8939	0.8906	0.8872	0.8838	0.8803	0.8768	0.8733	0.8697	0.8660	0.8624
0.63	0.8910	0.8875	0.8840	0.8805	0.8769	0.8733	0.8696	0.8659	0.8621	0.8583	0.8545
0.64	0.8847	0.8810	0.8774	0.8737	0.8699	0.8662	0.8624	0.8585	0.8546	0.8506	0.8467
0.65	0.8784	0.8746	0.8708	0.8669	0.8630	0.8591	0.8551	0.8511	0.8470	0.8429	0.8388
0.66	0.8720	0.8681	0.8641	0.8601	0.8561	0.8520	0.8479	0.8437	0.8395	0.8352	0.8309
0.67	0.8657	0.8616	0.8575	0.8533	0.8491	0.8449	0.8406	0.8363	0.8319	0.8275	0.8230
0.68	0.8594	0.8551	0.8508	0.8465	0.8422	0.8378	0.8333	0.8288	0.8243	0.8198	0.8152
0.69	0.8530	0.8486	0.8442	0.8397	0.8352	0.8306	0.8260	0.8214	0.8167	0.8120	0.8072
0.70	0.8466	0.8421	0.8375	0.8329	0.8282	0.8235	0.8187	0.8139	0.8091	0.8042	0.7993
0.71	0.8402	0.8355	0.8308	0.8260	0.8212	0.8163	0.8114	0.8065	0.8015	0.7965	0.7914
0.72	0.8338	0.8289	0.8240	0.8191	0.8141	0.8091	0.8041	0.7990	0.7938	0.7886	0.7834
0.73	0.8273	0.8223	0.8173	0.8122	0.8071	0.8019	0.7967	0.7914	0.7861	0.7808	0.7754
0.74	0.8209	0.8157	0.8105	0.8052	0.8000	0.7946	0.7893	0.7839	0.7784	0.7729	0.7674
0.75	0.8143	0.8090	0.8037	0.7983	0.7928	0.7874	0.7818	0.7763	0.7707	0.7650	0.7594
0.76	0.8078	0.8023	0.7968	0.7913	0.7857	0.7800	0.7744	0.7687	0.7629	0.7571	0.7513
0.77	0.8012	0.7956	0.7899	0.7842	0.7785	0.7727	0.7668	0.7610	0.7551	0.7491	0.7432
0.78	0.7946	0.7888	0.7830	0.7771	0.7712	0.7653	0.7593	0.7533	0.7472	0.7411	0.7350
0.79	0.7879	0.7820	0.7760	0.7700	0.7639	0.7578	0.7517	0.7455	0.7393	0.7331	0.7268
0.80	0.7812	0.7751	0.7689	0.7628	0.7566	0.7503	0.7440	0.7377	0.7313	0.7249	0.7185
0.81	0.7744	0.7681	0.7618	0.7555	0.7491	0.7427	0.7363	0.7298	0.7233	0.7167	0.7101
0.82	0.7675	0.7611	0.7547	0.7482	0.7417	0.7351	0.7285	0.7219	0.7152	0.7085	0.7017
0.83	0.7606	0.7540	0.7474	0.7408	0.7341	0.7274	0.7206	0.7138	0.7070	0.7002	0.6933
0.84	0.7536	0.7469	0.7401	0.7333	0.7265	0.7196	0.7127	0.7057	0.6988	0.6917	0.6847
0.85	0.7465	0.7396	0.7327	0.7257	0.7187	0.7117	0.7046	0.6975	0.6904	0.6832	0.6760
0.86	0.7394	0.7323	0.7252	0.7181	0.7109	0.7037	0.6965	0.6892	0.6819	0.6746	0.6673
0.87	0.7321	0.7248	0.7176	0.7103	0.7030	0.6956	0.6882	0.6808	0.6734	0.6659	0.6584
0.88	0.7247	0.7173	0.7098	0.7024	0.6949	0.6874	0.6798	0.6723	0.6647	0.6570	0.6493
0.89	0.7171	0.7095	0.7019	0.6943	0.6867	0.6790	0.6713	0.6636	0.6558	0.6480	0.6402
0.90	0.7094	0.7016	0.6939	0.6861	0.6783	0.6704	0.6626	0.6547	0.6467	0.6388	0.6308
0.91	0.7015	0.6936	0.6856	0.6777	0.6697	0.6617	0.6536	0.6456	0.6375	0.6294	0.6212
0.92	0.6933	0.6853	0.6772	0.6690	0.6609	0.6527	0.6445	0.6362	0.6280	0.6197	0.6114
0.93	0.6850	0.6767	0.6684	0.6601	0.6518	0.6434	0.6350	0.6266	0.6182	0.6097	0.6013
0.94	0.6763	0.6678	0.6593	0.6508	0.6423	0.6338	0.6252	0.6167	0.6081	0.5994	0.5908
0.95	0.6672	0.6585	0.6498	0.6412	0.6325	0.6237	0.6150	0.6062	0.5975	0.5887	0.5998
0.96	0.6575	0.6487	0.6398	0.6309	0.6220	0.6131	0.6042	0.5953	0.5863	0.5773	0.5683
0.97	0.6472	0.6381	0.6290	0.6200	0.6109	0.6017	0.5926	0.5835	0.5743	0.5651	0.5559
0.98	0.6357	0.6265	0.6172	0.6078	0.5985	0.5892	0.5798	0.5705	0.5611	0.5517	0.5423
0.99	0.6223	0.6128	0.6032	0.5936	0.5840	0.5744	0.5648	0.5552	0.5456	0.5360	0.5264
1.00	0.6000	0.5900	0.5800	0.5700	0.5600	0.5500	0.5400	0.5300	0.5200	0.5100	0.5000

$\alpha \backslash k$	0.50	0.51	0.52	0.53	0.54	0.55	0.56	0.57	0.58	0.59	0.60
0.00	1.5000	1.5100	1.5200	1.5300	1.5400	1.5500	1.5600	1.5700	1.5800	1.5900	1.6000
0.01	1.4625	1.4717	1.4809	1.4900	1.4992	1.5083	1.5175	1.5266	1.5358	1.5449	1.5541
0.02	1.4404	1.4491	1.4577	1.4664	1.4750	1.4837	1.4923	1.5010	1.5096	1.5183	1.5269
0.03	1.4217	1.4300	1.4382	1.4465	1.4547	1.4630	1.4712	1.4794	1.4876	1.4958	1.5040
0.04	1.4050	1.4129	1.4208	1.4286	1.4365	1.4444	1.4522	1.4601	1.4679	1.4757	1.4836
0.05	1.3896	1.3971	1.4047	1.4122	1.4197	1.4272	1.4347	1.4422	1.4497	1.4572	1.4647
0.06	1.3751	1.3823	1.3896	1.3968	1.4040	1.4111	1.4183	1.4255	1.4327	1.4398	1.4469
0.07	1.3614	1.3683	1.3752	1.3821	1.3890	1.3959	1.4028	1.4096	1.4165	1.4233	1.4301
0.08	1.3483	1.3549	1.3615	1.3681	1.3747	1.3813	1.3879	1.3944	1.4010	1.4075	1.4141
0.09	1.3356	1.3420	1.3483	1.3547	1.3610	1.3673	1.3736	1.3798	1.3861	1.3924	1.3986
0.10	1.3234	1.3295	1.3356	1.3416	1.3477	1.3537	1.3597	1.3657	1.3717	1.3777	1.3837
0.11	1.3116	1.3174	1.3232	1.3290	1.3348	1.3406	1.3463	1.3520	1.3578	1.3635	1.3692
0.12	1.3001	1.3056	1.3112	1.3167	1.3223	1.3278	1.3333	1.3387	1.3442	1.3496	1.3551
0.13	1.2888	1.2942	1.2995	1.3048	1.3100	1.3153	1.3205	1.3258	1.3310	1.3362	1.3413
0.14	1.2778	1.2829	1.2880	1.2930	1.2981	1.3031	1.3081	1.3131	1.3180	1.3230	1.3279
0.15	1.2671	1.2719	1.2768	1.2816	1.2864	1.2911	1.2959	1.3006	1.3054	1.3101	1.3147
0.16	1.2565	1.2612	1.2658	1.2703	1.2749	1.2794	1.2840	1.2885	1.2929	1.2974	1.3018
0.17	1.2462	1.2506	1.2549	1.2593	1.2636	1.2679	1.2722	1.2765	1.2807	1.2850	1.2892
0.18	1.2360	1.2402	1.2443	1.2484	1.2525	1.2566	1.2607	1.2647	1.2687	1.2727	1.2767
0.19	1.2260	1.2299	1.2338	1.2378	1.2416	1.2455	1.2493	1.2532	1.2569	1.2607	1.2645
0.20	1.2161	1.2198	1.2235	1.2272	1.2309	1.2345	1.2381	1.2417	1.2453	1.2489	1.2524
0.21	1.2063	1.2099	1.2134	1.2168	1.2203	1.2237	1.2271	1.2305	1.2339	1.2372	1.2405
0.22	1.1967	1.2000	1.2033	1.2066	1.2098	1.2130	1.2162	1.2194	1.2225	1.2257	1.2287
0.23	1.1872	1.1903	1.1934	1.1965	1.1995	1.2025	1.2055	1.2084	1.2114	1.2143	1.2171
0.24	1.1778	1.1807	1.1836	1.1865	1.1893	1.1921	1.1949	1.1976	1.2003	1.2030	1.2057
0.25	1.1685	1.1712	1.1739	1.1766	1.1792	1.1818	1.1843	1.1869	1.1894	1.1919	1.1944
0.26	1.1594	1.1619	1.1643	1.1668	1.1692	1.1716	1.1740	1.1763	1.1786	1.1809	1.1831
0.27	1.1503	1.1526	1.1548	1.1571	1.1593	1.1615	1.1637	1.1658	1.1679	1.1700	1.1720
0.28	1.1412	1.1433	1.1454	1.1475	1.1495	1.1515	1.1535	1.1554	1.1573	1.1592	1.1610
0.29	1.1323	1.1342	1.1361	1.1380	1.1398	1.1416	1.1434	1.1451	1.1468	1.1485	1.1501
0.30	1.1234	1.1252	1.1269	1.1285	1.1302	1.1318	1.1333	1.1349	1.1364	1.1379	1.1393
0.31	1.1146	1.1162	1.1177	1.1192	1.1206	1.1220	1.1234	1.1248	1.1261	1.1274	1.1286
0.32	1.1059	1.1073	1.1086	1.1099	1.1111	1.1124	1.1136	1.1147	1.1159	1.1170	1.1180
0.33	1.0973	1.0984	1.0996	1.1007	1.1017	1.1028	1.1038	1.1048	1.1057	1.1066	1.1075
0.34	1.0887	1.0897	1.0906	1.0915	1.0924	1.0933	1.0941	1.0949	1.0956	1.0963	1.0970
0.35	1.0801	1.0809	1.0817	1.0824	1.0831	1.0838	1.0844	1.0850	1.0856	1.0861	1.0866
0.36	1.0716	1.0723	1.0728	1.0734	1.0739	1.0744	1.0748	1.0753	1.0756	1.0760	1.0763
0.37	1.0632	1.0636	1.0641	1.0644	1.0648	1.0651	1.0653	1.0656	1.0658	1.0659	1.0660
0.38	1.0548	1.0551	1.0553	1.0555	1.0557	1.0558	1.0559	1.0559	1.0559	1.0559	1.0558
0.39	1.0465	1.0466	1.0466	1.0466	1.0466	1.0465	1.0464	1.0463	1.0461	1.0459	1.0457
0.40	1.0382	1.0381	1.0380	1.0378	1.0376	1.0374	1.0371	1.0368	1.0364	1.0360	1.0356
0.41	1.0299	1.0297	1.0294	1.0290	1.0286	1.0282	1.0278	1.0273	1.0268	1.0262	1.0256
0.42	1.0217	1.0213	1.0208	1.0203	1.0197	1.0191	1.0185	1.0178	1.0171	1.0164	1.0156
0.43	1.0135	1.0129	1.0123	1.0116	1.0108	1.0101	1.0093	1.0084	1.0076	1.0066	1.0057
0.44	1.0054	1.0046	1.0038	1.0029	1.0020	1.0011	1.0001	0.9991	0.9980	0.9969	0.9958
0.45	0.9973	0.9963	0.9953	0.9943	0.9932	0.9921	0.9910	0.9898	0.9885	0.9873	0.9860
0.46	0.9892	0.9880	0.9869	0.9857	0.9844	0.9832	0.9818	0.9805	0.9791	0.9776	0.9762
0.47	0.9811	0.9798	0.9785	0.9771	0.9757	0.9743	0.9728	0.9712	0.9697	0.9681	0.9664
0.48	0.9731	0.9716	0.9701	0.9686	0.9670	0.9654	0.9637	0.9620	0.9603	0.9585	0.9567
0.49	0.9651	0.9634	0.9618	0.9601	0.9583	0.9565	0.9547	0.9528	0.9509	0.9490	0.9470
0.50	0.9571	0.9553	0.9535	0.9516	0.9497	0.9477	0.9457	0.9437	0.9416	0.9395	0.9373

α\k	0.50	0.51	0.52	0.53	0.54	0.55	0.56	0.57	0.58	0.59	0.60
0.50	0.9571	0.9553	0.9535	0.9516	0.9497	0.9477	0.9457	0.9437	0.9416	0.9395	0.9373
0.51	0.9491	0.9472	0.9452	0.9431	0.9411	0.9389	0.9368	0.9346	0.9323	0.9300	0.9277
0.52	0.9412	0.9391	0.9369	0.9347	0.9325	0.9302	0.9278	0.9255	0.9231	0.9206	0.9181
0.53	0.9332	0.9310	0.9286	0.9263	0.9239	0.9214	0.9189	0.9164	0.9138	0.9112	0.9085
0.54	0.9253	0.9229	0.9204	0.9179	0.9153	0.9127	0.9100	0.9073	0.9046	0.9018	0.8990
0.55	0.9174	0.9148	0.9122	0.9095	0.9068	0.9040	0.9012	0.8983	0.8954	0.8924	0.8894
0.56	0.9095	0.9068	0.9040	0.9011	0.8982	0.8953	0.8923	0.8893	0.8862	0.8831	0.8799
0.57	0.9017	0.8987	0.8958	0.8928	0.8897	0.8866	0.8835	0.8803	0.8770	0.8738	0.8704
0.58	0.8938	0.8907	0.8876	0.8844	0.8812	0.8779	0.8746	0.8713	0.8679	0.8644	0.8610
0.59	0.8859	0.8827	0.8794	0.8761	0.8727	0.8693	0.8658	0.8623	0.8587	0.8551	0.8515
0.60	0.8781	0.8747	0.8712	0.8677	0.8642	0.8606	0.8570	0.8533	0.8496	0.8459	0.8420
0.61	0.8702	0.8667	0.8631	0.8594	0.8557	0.8520	0.8482	0.8444	0.8405	0.8366	0.8326
0.62	0.8624	0.8586	0.8549	0.8511	0.8472	0.8433	0.8394	0.8354	0.8314	0.8273	0.8232
0.63	0.8545	0.8506	0.8467	0.8428	0.8388	0.8347	0.8306	0.8265	0.8223	0.8180	0.8137
0.64	0.8467	0.8426	0.8386	0.8344	0.8303	0.8261	0.8218	0.8175	0.8132	0.8088	0.8043
0.65	0.8388	0.8346	0.8304	0.8261	0.8218	0.8174	0.8130	0.8085	0.8040	0.7995	0.7949
0.66	0.8309	0.8266	0.8222	0.8178	0.8133	0.8088	0.8042	0.7996	0.7949	0.7902	0.7855
0.67	0.8230	0.8185	0.8140	0.8094	0.8048	0.8001	0.7954	0.7906	0.7858	0.7809	0.7760
0.68	0.8152	0.8105	0.8058	0.8011	0.7963	0.7915	0.7866	0.7817	0.7767	0.7717	0.7666
0.69	0.8072	0.8024	0.7976	0.7927	0.7878	0.7828	0.7777	0.7727	0.7675	0.7624	0.7571
0.70	0.7993	0.7944	0.7894	0.7843	0.7792	0.7741	0.7689	0.7637	0.7584	0.7531	0.7477
0.71	0.7914	0.7863	0.7811	0.7759	0.7707	0.7654	0.7600	0.7547	0.7492	0.7437	0.7382
0.72	0.7834	0.7782	0.7728	0.7675	0.7621	0.7567	0.7512	0.7456	0.7400	0.7344	0.7287
0.73	0.7754	0.7700	0.7646	0.7590	0.7535	0.7479	0.7423	0.7366	0.7308	0.7251	0.7192
0.74	0.7674	0.7618	0.7562	0.7506	0.7449	0.7391	0.7333	0.7275	0.7216	0.7157	0.7097
0.75	0.7594	0.7536	0.7479	0.7421	0.7362	0.7303	0.7244	0.7184	0.7123	0.7063	0.7001
0.76	0.7513	0.7454	0.7395	0.7335	0.7275	0.7215	0.7154	0.7092	0.7030	0.6968	0.6905
0.77	0.7431	0.7371	0.7311	0.7249	0.7188	0.7126	0.7063	0.7001	0.6937	0.6873	0.6809
0.78	0.7350	0.7288	0.7226	0.7163	0.7100	0.7037	0.6973	0.6908	0.6843	0.6778	0.6712
0.79	0.7268	0.7204	0.7141	0.7076	0.7012	0.6947	0.6881	0.6816	0.6749	0.6682	0.6615
0.80	0.7185	0.7120	0.7055	0.6989	0.6923	0.6857	0.6790	0.6722	0.6654	0.6586	0.6517
0.81	0.7101	0.7035	0.6968	0.6901	0.6834	0.6766	0.6697	0.6628	0.6559	0.6489	0.6419
0.82	0.7017	0.6950	0.6881	0.6813	0.6744	0.6674	0.6604	0.6534	0.6463	0.6392	0.6320
0.83	0.6933	0.6863	0.6793	0.6723	0.6653	0.6582	0.6510	0.6438	0.6366	0.6293	0.6220
0.84	0.6847	0.6776	0.6705	0.6633	0.6561	0.6488	0.6415	0.6342	0.6268	0.6194	0.6119
0.85	0.6760	0.6688	0.6615	0.6542	0.6468	0.6394	0.6320	0.6245	0.6170	0.6094	0.6018
0.86	0.6673	0.6599	0.6524	0.6449	0.6374	0.6299	0.6223	0.6147	0.6070	0.5993	0.5915
0.87	0.6584	0.6508	0.6432	0.6356	0.6279	0.6202	0.6125	0.6047	0.5969	0.5890	0.5811
0.88	0.6493	0.6416	0.6339	0.6261	0.6183	0.6104	0.6025	0.5946	0.5867	0.5786	0.5706
0.89	0.6402	0.6323	0.6244	0.6165	0.6085	0.6005	0.5924	0.5844	0.5763	0.5681	0.5599
0.90	0.6308	0.6228	0.6147	0.6066	0.5985	0.5903	0.5821	0.5739	0.5657	0.5574	0.5490
0.91	0.6212	0.6130	0.6048	0.5966	0.5883	0.5800	0.5716	0.5633	0.5548	0.5464	0.5379
0.92	0.6114	0.6030	0.5947	0.5863	0.5778	0.5694	0.5609	0.5523	0.5438	0.5352	0.5266
0.93	0.6013	0.5928	0.5842	0.5757	0.5671	0.5584	0.5498	0.5411	0.5324	0.5237	0.5149
0.94	0.5908	0.5821	0.5734	0.5647	0.5559	0.5471	0.5383	0.5295	0.5206	0.5117	0.5028
0.95	0.5798	0.5710	0.5621	0.5532	0.5443	0.5354	0.5264	0.5174	0.5084	0.4993	0.4903
0.96	0.5683	0.5593	0.5502	0.5412	0.5321	0.5230	0.5138	0.5047	0.4955	0.4863	0.4771
0.97	0.5559	0.5467	0.5375	0.5282	0.5190	0.5097	0.5004	0.4911	0.4817	0.4724	0.4630
0.98	0.5423	0.5329	0.5235	0.5140	0.5046	0.4951	0.4856	0.4761	0.4666	0.4571	0.4475
0.99	0.5264	0.5167	0.5071	0.4974	0.4877	0.4781	0.4684	0.4587	0.4490	0.4393	0.4295
1.00	0.5000	0.4900	0.4800	0.4700	0.4600	0.4500	0.4400	0.4300	0.4200	0.4100	0.4000

α\k	0.60	0.61	0.62	0.63	0.64	0.65	0.66	0.67	0.68	0.69	0.70
0.00	1.6000	1.6100	1.6200	1.6300	1.6400	1.6500	1.6600	1.6700	1.6800	1.6900	1.7000
0.01	1.5541	1.5632	1.5723	1.5815	1.5906	1.5997	1.6088	1.6180	1.6271	1.6362	1.6453
0.02	1.5269	1.5355	1.5442	1.5528	1.5614	1.5700	1.5786	1.5872	1.5958	1.6044	1.6130
0.03	1.5040	1.5122	1.5204	1.5286	1.5368	1.5450	1.5531	1.5613	1.5695	1.5776	1.5858
0.04	1.4836	1.4914	1.4992	1.5070	1.5148	1.5226	1.5303	1.5381	1.5459	1.5536	1.5614
0.05	1.4647	1.4721	1.4796	1.4870	1.4945	1.5019	1.5093	1.5167	1.5241	1.5315	1.5389
0.06	1.4469	1.4541	1.4612	1.4683	1.4754	1.4825	1.4896	1.4966	1.5037	1.5108	1.5178
0.07	1.4301	1.4369	1.4437	1.4505	1.4573	1.4641	1.4709	1.4776	1.4843	1.4911	1.4978
0.08	1.4141	1.4206	1.4271	1.4336	1.4400	1.4465	1.4530	1.4594	1.4658	1.4723	1.4787
0.09	1.3986	1.4048	1.4110	1.4172	1.4234	1.4296	1.4357	1.4419	1.4480	1.4542	1.4603
0.10	1.3837	1.3896	1.3955	1.4014	1.4074	1.4132	1.4191	1.4250	1.4308	1.4367	1.4425
0.11	1.3692	1.3748	1.3805	1.3861	1.3918	1.3974	1.4030	1.4086	1.4142	1.4197	1.4253
0.12	1.3551	1.3605	1.3659	1.3713	1.3766	1.3820	1.3873	1.3926	1.3979	1.4032	1.4086
0.13	1.3413	1.3465	1.3516	1.3567	1.3619	1.3669	1.3720	1.3771	1.3821	1.3871	1.3921
0.14	1.3279	1.3328	1.3377	1.3426	1.3474	1.3522	1.3571	1.3619	1.3666	1.3714	1.3762
0.15	1.3147	1.3194	1.3240	1.3287	1.3333	1.3379	1.3424	1.3470	1.3515	1.3560	1.3605
0.16	1.3018	1.3063	1.3107	1.3150	1.3194	1.3238	1.3281	1.3324	1.3367	1.3409	1.3452
0.17	1.2892	1.2934	1.2975	1.3017	1.3058	1.3099	1.3140	1.3181	1.3221	1.3261	1.3301
0.18	1.2767	1.2807	1.2846	1.2885	1.2924	1.2963	1.3001	1.3040	1.3078	1.3116	1.3153
0.19	1.2645	1.2682	1.2719	1.2756	1.2793	1.2829	1.2865	1.2901	1.2937	1.2972	1.3008
0.20	1.2524	1.2559	1.2594	1.2628	1.2663	1.2697	1.2731	1.2765	1.2798	1.2831	1.2864
0.21	1.2405	1.2438	1.2470	1.2503	1.2535	1.2567	1.2598	1.2630	1.2661	1.2692	1.2723
0.22	1.2287	1.2318	1.2349	1.2379	1.2409	1.2438	1.2468	1.2497	1.2526	1.2555	1.2583
0.23	1.2171	1.2200	1.2228	1.2256	1.2284	1.2312	1.2339	1.2366	1.2393	1.2419	1.2445
0.24	1.2057	1.2083	1.2109	1.2135	1.2161	1.2186	1.2211	1.2236	1.2261	1.2285	1.2309
0.25	1.1944	1.1968	1.1992	1.2016	1.2039	1.2062	1.2985	1.2108	1.2131	1.2153	1.2175
0.26	1.1831	1.1854	1.1876	1.1897	1.1919	1.1940	1.1961	1.1981	1.2002	1.2022	1.2041
0.27	1.1720	1.1741	1.1761	1.1780	1.1800	1.1819	1.1837	1.1856	1.1874	1.1892	1.1910
0.28	1.1610	1.1629	1.1647	1.1664	1.1681	1.1698	1.1715	1.1732	1.1748	1.1764	1.1779
0.29	1.1501	1.1518	1.1534	1.1549	1.1564	1.1579	1.1594	1.1609	1.1623	1.1636	1.1650
0.30	1.1393	1.1408	1.1422	1.1435	1.1449	1.1462	1.1474	1.1487	1.1499	1.1510	1.1522
0.31	1.1286	1.1299	1.1311	1.1322	1.1334	1.1345	1.1355	1.1366	1.1376	1.1385	1.1395
0.32	1.1180	1.1190	1.1200	1.1210	1.1220	1.1229	1.1237	1.1246	1.1254	1.1261	1.1269
0.33	1.1075	1.1083	1.1091	1.1099	1.1106	1.1113	1.1120	1.1127	1.1133	1.1138	1.1144
0.34	1.0970	1.0977	1.0983	1.0989	1.0994	1.0999	1.1004	1.1008	1.1013	1.1016	1.1020
0.35	1.0866	1.0871	1.0875	1.0879	1.0883	1.0886	1.0889	1.0891	1.0893	1.0895	1.0897
0.36	1.0763	1.0768	1.0768	1.0770	1.0772	1.0773	1.0774	1.0775	1.0775	1.0775	1.0774
0.37	1.0660	1.0661	1.0662	1.0662	1.0662	1.0661	1.0660	1.0659	1.0657	1.0655	1.0653
0.38	1.0558	1.0557	1.0556	1.0554	1.0552	1.0550	1.0547	1.0544	1.0540	1.0536	1.0532
0.39	1.0457	1.0454	1.0451	1.0448	1.0444	1.0439	1.0435	1.0430	1.0424	1.0418	1.0412
0.40	1.0356	1.0352	1.0347	1.0341	1.0336	1.0329	1.0323	1.0316	1.0309	1.0301	1.0293
0.41	1.0256	1.0250	1.0243	1.0236	1.0228	1.0220	1.0212	1.0203	1.0194	1.0184	1.0174
0.42	1.0156	1.0148	1.0139	1.0130	1.0121	1.0111	1.0101	1.0091	1.0079	1.0068	1.0056
0.43	1.0057	1.0047	1.0037	1.0026	1.0015	1.0003	0.9991	0.9979	0.9966	0.9953	0.9939
0.44	0.9958	0.9946	0.9934	0.9922	0.9909	0.9895	0.9882	0.9867	0.9853	0.9838	0.9822
0.45	0.9860	0.9846	0.9832	0.9818	0.9803	0.9788	0.9773	0.9757	0.9740	0.9723	0.9706
0.46	0.9762	0.9746	0.9731	0.9715	0.9698	0.9681	0.9664	0.9646	0.9628	0.9609	0.9590
0.47	0.9664	0.9647	0.9630	0.9612	0.9594	0.9575	0.9556	0.9536	0.9516	0.9496	0.9475
0.48	0.9567	0.9548	0.9529	0.9509	0.9489	0.9469	0.9448	0.9427	0.9405	0.9383	0.9360
0.49	0.9470	0.9450	0.9429	0.9407	0.9386	0.9364	0.9341	0.9318	0.9294	0.9270	0.9246
0.50	0.9373	0.9351	0.9329	0.9306	0.9282	0.9258	0.9234	0.9209	0.9184	0.9158	0.9132

a \ k	0.60	0.61	0.62	0.63	0.64	0.65	0.66	0.67	0.68	0.69	0.70
0.50	0.9373	0.9351	0.9329	0.9306	0.9282	0.9258	0.9234	0.9209	0.9184	0.9158	0.9132
0.51	0.9277	0.9253	0.9229	0.9204	0.9179	0.9154	0.9128	0.9101	0.9074	0.9047	0.9019
0.52	0.9181	0.9156	0.9130	0.9103	0.9076	0.9049	0.9021	0.8993	0.8964	0.8935	0.8905
0.53	0.9085	0.9058	0.9031	0.9002	0.8974	0.8945	0.8915	0.8886	0.8855	0.8824	0.8793
0.54	0.8995	0.8961	0.8932	0.8902	0.8872	0.8841	0.8810	0.8778	0.8746	0.8713	0.8680
0.55	0.8894	0.8864	0.8833	0.8802	0.8770	0.8737	0.8705	0.8671	0.8637	0.8603	0.8568
0.56	0.8799	0.8767	0.8735	0.8702	0.8668	0.8634	0.8600	0.8565	0.8529	0.8493	0.8456
0.57	0.8704	0.8671	0.8636	0.8602	0.8567	0.8531	0.8495	0.8458	0.8421	0.8383	0.8345
0.58	0.8610	0.8574	0.8538	0.8502	0.8465	0.8428	0.8390	0.8352	0.8313	0.8274	0.8234
0.59	0.8515	0.8478	0.8441	0.8403	0.8364	0.8325	0.8286	0.8246	0.8205	0.8164	0.8123
0.60	0.8420	0.8382	0.8343	0.8303	0.8263	0.8223	0.8181	0.8140	0.8098	0.8055	0.8012
0.61	0.8326	0.8286	0.8245	0.8204	0.8162	0.8120	0.8077	0.8034	0.7990	0.7946	0.7901
0.62	0.8232	0.8190	0.8148	0.8105	0.8062	0.8018	0.7973	0.7929	0.7883	0.7837	0.7791
0.63	0.8137	0.8094	0.8050	0.8006	0.7961	0.7915	0.7870	0.7823	0.7776	0.7729	0.7680
0.64	0.8043	0.7998	0.7953	0.7907	0.7860	0.7813	0.7766	0.7718	0.7669	0.7620	0.7570
0.65	0.7949	0.7902	0.7855	0.7808	0.7760	0.7711	0.7662	0.7612	0.7562	0.7511	0.7460
0.66	0.7855	0.7807	0.7758	0.7709	0.7659	0.7609	0.7558	0.7507	0.7455	0.7403	0.7350
0.67	0.7760	0.7711	0.7661	0.7610	0.7559	0.7507	0.7455	0.7402	0.7349	0.7295	0.7240
0.68	0.7666	0.7615	0.7563	0.7511	0.7458	0.7407	0.7351	0.7297	0.7242	0.7186	0.7130
0.69	0.7571	0.7519	0.7466	0.7412	0.7357	0.7303	0.7247	0.7101	0.7135	0.7078	0.7020
0.70	0.7477	0.7423	0.7368	0.7313	0.7257	0.7200	0.7143	0.7086	0.7028	0.6969	0.6910
0.71	0.7382	0.7326	0.7270	0.7213	0.7156	0.7098	0.7040	0.6981	0.6921	0.6861	0.6800
0.72	0.7287	0.7230	0.7172	0.7114	0.7055	0.6996	0.6936	0.6875	0.6814	0.6752	0.6690
0.73	0.7192	0.7133	0.7074	0.7014	0.6954	0.6893	0.6831	0.6769	0.6707	0.6643	0.6580
0.74	0.7097	0.7037	0.6976	0.6914	0.6852	0.6790	0.6727	0.6663	0.6599	0.6535	0.6469
0.75	0.7001	0.6939	0.6877	0.6814	0.6751	0.6687	0.6622	0.6557	0.6492	0.6425	0.6359
0.76	0.6905	0.6842	0.6778	0.6714	0.6649	0.6583	0.6517	0.6451	0.6384	0.6316	0.6248
0.77	0.6809	0.6744	0.6679	0.6613	0.6547	0.6480	0.6412	0.6344	0.6276	0.6206	0.6137
0.78	0.6712	0.6646	0.6579	0.6512	0.6444	0.6375	0.6307	0.6237	0.6167	0.6096	0.6025
0.79	0.6615	0.6547	0.6479	0.6410	0.6341	0.6271	0.6201	0.6130	0.6058	0.5986	0.5913
0.80	0.6517	0.6448	0.6378	0.6308	0.6237	0.6166	0.6094	0.6022	0.5949	0.5875	0.5801
0.81	0.6419	0.6348	0.6277	0.6205	0.6133	0.6060	0.5987	0.5913	0.5839	0.5764	0.5688
0.82	0.6320	0.6248	0.6175	0.6102	0.6028	0.5954	0.5879	0.5804	0.5728	0.5652	0.5574
0.83	0.6220	0.6146	0.6072	0.5998	0.5923	0.5847	0.5771	0.5694	0.5617	0.5539	0.5461
0.84	0.6119	0.6044	0.5969	0.5893	0.5816	0.5739	0.5662	0.5583	0.5505	0.5426	0.5346
0.85	0.6018	0.5941	0.5864	0.5787	0.5709	0.5630	0.5551	0.5472	0.5392	0.5311	0.5230
0.86	0.5915	0.5837	0.5759	0.5680	0.5600	0.5521	0.5440	0.5359	0.5278	0.5196	0.5113
0.87	0.5811	0.5732	0.5652	0.5572	0.5491	0.5410	0.5328	0.5246	0.5163	0.5079	0.4996
0.88	0.5706	0.5625	0.5544	0.5462	0.5380	0.5297	0.5214	0.5130	0.5046	0.4962	0.4876
0.89	0.5599	0.5517	0.5434	0.5351	0.5267	0.5183	0.5099	0.5014	0.4928	0.4842	0.4756
0.90	0.5490	0.5406	0.5322	0.5238	0.5153	0.5067	0.4981	0.4895	0.4808	0.4721	0.4633
0.91	0.5379	0.5294	0.5208	0.5122	0.5036	0.4949	0.4862	0.4774	0.4686	0.4598	0.4509
0.92	0.5266	0.5179	0.5092	0.5005	0.4917	0.4829	0.4740	0.4651	0.4562	0.4472	0.4381
0.93	0.5149	0.5061	0.4972	0.4883	0.4794	0.4705	0.4615	0.4525	0.4434	0.4343	0.4251
0.94	0.5028	0.4939	0.4849	0.4759	0.4668	0.4577	0.4486	0.4394	0.4302	0.4210	0.4117
0.95	0.4903	0.4812	0.4720	0.4629	0.4537	0.4445	0.4352	0.4259	0.4166	0.4072	0.3978
0.96	0.4771	0.4678	0.4585	0.4492	0.4399	0.4305	0.4212	0.4117	0.4023	0.3928	0.3833
0.97	0.4630	0.4536	0.4441	0.4347	0.4252	0.4157	0.4062	0.3967	0.3871	0.3775	0.3678
0.98	0.4475	0.4379	0.4284	0.4188	0.4091	0.3995	0.3890	0.3802	0.3705	0.3607	0.3510
0.99	0.4295	0.4198	0.4100	0.4003	0.3905	0.3807	0.3709	0.3611	0.3513	0.3414	0.3316
1.00	0.4000	0.3900	0.3800	0.3700	0.3600	0.3500	0.3400	0.3300	0.3200	0.3100	0.3000

α\k	0.70	0.71	0.72	0.73	0.74	0.75	0.76	0.77	0.78	0.79	0.80
0.00	1.7000	1.7100	1.7200	1.7300	1.7400	1.7500	1.7600	1.7700	1.7800	1.7900	1.8000
0.01	1.6453	1.6544	1.6635	1.6726	1.6817	1.6908	1.6999	1.7090	1.7181	1.7272	1.7363
0.02	1.6130	1.6216	1.6301	1.6387	1.6473	1.6559	1.6644	1.6730	1.6815	1.6901	1.6986
0.03	1.5858	1.5939	1.6020	1.6102	1.6183	1.6264	1.6345	1.6426	1.6507	1.6588	1.6669
0.04	1.5614	1.5691	1.5769	1.5846	1.5923	1.6000	1.6077	1.6154	1.6231	1.6308	1.6385
0.05	1.5389	1.5463	1.5536	1.5610	1.5684	1.5757	1.5830	1.5904	1.5977	1.6050	1.6123
0.06	1.5178	1.5248	1.5319	1.5389	1.5459	1.5529	1.5599	1.5668	1.5738	1.5808	1.5877
0.07	1.4978	1.5045	1.5112	1.5179	1.5246	1.5312	1.5379	1.5445	1.5512	1.5578	1.5644
0.08	1.4787	1.4851	1.4914	1.4978	1.5042	1.5105	1.5169	1.5232	1.5295	1.5358	1.5421
0.09	1.4603	1.4664	1.4724	1.4785	1.4846	1.4906	1.4967	1.5027	1.5087	1.5147	1.5207
0.10	1.4425	1.4483	1.4541	1.4599	1.4656	1.4714	1.4771	1.4829	1.4886	1.4943	1.5000
0.11	1.4253	1.4308	1.4363	1.4418	1.4473	1.4527	1.4582	1.4636	1.4691	1.4745	1.4799
0.12	1.4085	1.4137	1.4190	1.4242	1.4294	1.4346	1.4398	1.4449	1.4501	1.4552	1.4603
0.13	1.3921	1.3971	1.4021	1.4071	1.4120	1.4169	1.4218	1.4267	1.4316	1.4364	1.4413
0.14	1.3762	1.3809	1.3856	1.3903	1.3950	1.3996	1.4043	1.4089	1.4135	1.4181	1.4227
0.15	1.3605	1.3650	1.3694	1.3739	1.3783	1.3827	1.3871	1.3915	1.3958	1.4001	1.4044
0.16	1.3452	1.3494	1.3536	1.3578	1.3620	1.3661	1.3702	1.3744	1.3784	1.3825	1.3866
0.17	1.3301	1.3341	1.3381	1.3420	1.3459	1.3498	1.3537	1.3576	1.3614	1.3652	1.3690
0.18	1.3153	1.3191	1.3228	1.3265	1.3302	1.3338	1.3375	1.3411	1.3447	1.3482	1.3518
0.19	1.3008	1.3043	1.3077	1.3112	1.3146	1.3181	1.3215	1.3248	1.3282	1.3315	1.3348
0.20	1.2864	1.2897	1.2929	1.2962	1.2994	1.3025	1.3057	1.3088	1.3119	1.3150	1.3181
0.21	1.2723	1.2753	1.2783	1.2813	1.2843	1.2872	1.2902	1.2931	1.2959	1.2988	1.3016
0.22	1.2583	1.2611	1.2639	1.2667	1.2694	1.2721	1.2748	1.2775	1.2801	1.2828	1.2853
0.23	1.2445	1.2471	1.2497	1.2522	1.2548	1.2572	1.2597	1.2621	1.2646	1.2669	1.2693
0.24	1.2309	1.2333	1.2356	1.2380	1.2403	1.2425	1.2448	1.2470	1.2492	1.2513	1.2534
0.25	1.2175	1.2196	1.2217	1.2238	1.2259	1.2280	1.2300	1.2320	1.2339	1.2359	1.2378
0.26	1.2041	1.2061	1.2080	1.2099	1.2117	1.2136	1.2154	1.2171	1.2189	1.2206	1.2223
0.27	1.1910	1.1927	1.1944	1.1961	1.1977	1.1993	1.2009	1.2024	1.2040	1.2055	1.2069
0.28	1.1779	1.1794	1.1809	1.1824	1.1838	1.1852	1.1866	1.1879	1.1892	1.1905	1.1917
0.29	1.1650	1.1663	1.1676	1.1688	1.1700	1.1712	1.1724	1.1735	1.1746	1.1756	1.1767
0.30	1.1522	1.1533	1.1544	1.1554	1.1564	1.1574	1.1583	1.1592	1.1601	1.1609	1.1618
0.31	1.1395	1.1404	1.1412	1.1421	1.1429	1.1437	1.1444	1.1451	1.1458	1.1464	1.1470
0.32	1.1269	1.1276	1.1282	1.1289	1.1295	1.1300	1.1306	1.1311	1.1315	1.1319	1.1323
0.33	1.1144	1.1149	1.1153	1.1158	1.1162	1.1165	1.1169	1.1171	1.1174	1.1176	1.1178
0.34	1.1020	1.1023	1.1025	1.1028	1.1030	1.1031	1.1032	1.1033	1.1034	1.1034	1.1033
0.35	1.0897	1.0898	1.0898	1.0899	1.0899	1.0898	1.0897	1.0896	1.0895	1.0893	1.0890
0.36	1.0774	1.0773	1.0772	1.0770	1.0768	1.0766	1.0763	1.0760	1.0756	1.0752	1.0748
0.37	1.0653	1.0650	1.0647	1.0643	1.0639	1.0635	1.0630	1.0625	1.0619	1.0613	1.0607
0.38	1.0532	1.0527	1.0522	1.0517	1.0511	1.0504	1.0498	1.0490	1.0483	1.0475	1.0466
0.39	1.0412	1.0405	1.0398	1.0391	1.0383	1.0375	1.0366	1.0357	1.0347	1.0337	1.0327
0.40	1.0293	1.0284	1.0275	1.0266	1.0256	1.0246	1.0235	1.0224	1.0213	1.0201	1.0188
0.41	1.0174	1.0164	1.0153	1.0142	1.0130	1.0118	1.0105	1.0092	1.0079	1.0065	1.0051
0.42	1.0056	1.0044	1.0031	1.0018	1.0005	0.9991	0.9976	0.9961	0.9946	0.9930	0.9914
0.43	0.9939	0.9925	0.9910	0.9895	0.9880	0.9864	0.9847	0.9831	0.9813	0.9796	0.9777
0.44	0.9822	0.9806	0.9790	0.9773	0.9756	0.9738	0.9720	0.9701	0.9682	0.9662	0.9642
0.45	0.9706	0.9688	0.9670	0.9651	0.9632	0.9612	0.9592	0.9572	0.9551	0.9529	0.9507
0.46	0.9590	0.9571	0.9550	0.9530	0.9509	0.9487	0.9465	0.9443	0.9420	0.9397	0.9373
0.47	0.9475	0.9454	0.9432	0.9409	0.9386	0.9363	0.9339	0.9315	0.9290	0.9265	0.9239
0.48	0.9360	0.9337	0.9313	0.9289	0.9265	0.9239	0.9214	0.9188	0.9161	0.9134	0.9106
0.49	0.9246	0.9221	0.9195	0.9170	1.9143	0.9116	0.9089	0.9061	0.9032	0.9003	0.8974
0.50	0.9132	0.9105	0.9078	0.9050	0.9022	0.8993	0.8964	0.8934	0.8904	0.8873	0.8842

α\k	0.70	0.71	0.72	0.73	0.74	0.75	0.76	0.77	0.78	0.79	0.80
0.50	0.9132	0.9105	0.9078	0.9050	0.9022	0.8993	0.8964	0.8934	0.8904	0.8873	0.8842
0.51	0.9019	0.8990	0.8961	0.8932	0.8902	0.8871	0.8840	0.8808	0.8776	0.8744	0.8710
0.52	0.8905	0.8875	0.8844	0.8813	0.8781	0.8749	0.8716	0.8683	0.8649	0.8614	0.8579
0.53	0.8793	0.8761	0.8728	0.8695	0.8662	0.8628	0.8593	0.8558	0.8522	0.8486	0.8449
0.54	0.8680	0.8647	0.8612	0.8578	0.8542	0.8507	0.8470	0.8433	0.8396	0.8358	0.8319
0.55	0.8568	0.8533	0.8497	0.8460	0.8423	0.8386	0.8348	0.8309	0.8270	0.8230	0.8189
0.56	0.8456	0.8419	0.8382	0.8344	0.8305	0.8266	0.8226	0.8185	0.8144	0.8102	0.8060
0.57	0.8345	0.8306	0.8267	0.8227	0.8187	0.8146	0.8104	0.8062	0.8019	0.7975	0.7931
0.58	0.8234	0.8193	0.8152	0.8111	0.8069	0.8026	0.7982	0.7939	0.7894	0.7849	0.7803
0.59	0.8123	0.8081	0.8038	0.7995	0.7951	0.7906	0.7861	0.7816	0.7769	0.7723	0.7675
0.60	0.8012	0.7968	0.7924	0.7879	0.7833	0.7787	0.7740	0.7693	0.7645	0.7596	0.7547
0.61	0.7901	0.7856	0.7810	0.7763	0.7716	0.7668	0.7620	0.7571	0.7521	0.7471	0.7420
0.62	0.7791	0.7744	0.7696	0.7648	0.7699	0.7549	0.7499	0.7449	0.7397	0.7345	0.7293
0.63	0.7680	0.7632	0.7582	0.7533	0.7482	0.7431	0.7379	0.7327	0.7274	0.7220	0.7166
0.64	0.7570	0.7520	0.7469	0.7417	0.7365	0.7313	0.7259	0.7205	0.7150	0.7095	0.7039
0.65	0.7460	0.7408	0.7356	0.7303	0.7249	0.7194	0.7139	0.7084	0.7027	0.6970	0.6912
0.66	0.7350	0.7297	0.7242	0.7188	0.7132	0.7076	0.7020	0.6962	0.6904	0.6846	0.6786
0.67	0.7240	0.7185	0.7129	0.7073	0.7016	0.6958	0.6900	0.6841	0.6781	0.6721	0.6660
0.68	0.7130	0.7073	0.7016	0.6958	0.6900	0.6840	0.6781	0.6720	0.6659	0.6597	0.6534
0.69	0.7020	0.6962	0.6903	0.6844	0.6783	0.6723	0.6661	0.6599	0.6536	0.6473	0.6408
0.70	0.6910	0.6850	0.6790	0.6729	0.6667	0.6605	0.6542	0.6478	0.6414	0.6348	0.6282
0.71	0.6800	0.6739	0.6677	0.6614	0.6551	0.6487	0.6422	0.6357	0.6291	0.6224	0.6157
0.72	0.6690	0.6627	0.6564	0.6499	0.6435	0.6369	0.6303	0.6236	0.6168	0.6100	0.6031
0.73	0.6580	0.6515	0.6450	0.6385	0.6318	0.6251	0.6184	0.6115	0.6046	0.5976	0.5905
0.74	0.6469	0.6403	0.6337	0.6270	0.6202	0.6133	0.6064	0.5994	0.5923	0.5852	0.5780
0.75	0.6359	0.6291	0.6223	0.6154	0.6085	0.6015	0.5944	0.5873	0.5801	0.5728	0.5654
0.76	0.6248	0.6179	0.6109	0.6039	0.5968	0.5897	0.5824	0.5752	0.5678	0.5603	0.5528
0.77	0.6137	0.6066	0.5995	0.5924	0.5851	0.5778	0.5704	0.5630	0.5555	0.5479	0.5402
0.78	0.6025	0.5953	0.5881	0.5808	0.5734	0.5659	0.5584	0.5508	0.5432	0.5354	0.5276
0.79	0.5913	0.5840	0.5766	0.5691	0.5616	0.5540	0.5464	0.5386	0.5308	0.5229	0.5150
0.80	0.5801	0.5726	0.5651	0.5575	0.5498	0.5421	0.5343	0.5264	0.5184	0.5104	0.5023
0.81	0.5688	0.5612	0.5535	0.5458	0.5380	0.5301	0.5221	0.5141	0.5060	0.4978	0.4896
0.82	0.5575	0.5497	0.5419	0.5340	0.5261	0.5180	0.5100	0.5018	0.4936	0.4853	0.4769
0.83	0.5461	0.5382	0.5302	0.5222	0.5141	0.5059	0.4977	0.4894	0.4811	0.4726	0.4641
0.84	0.5346	0.5265	0.5185	0.5103	0.5021	0.4938	0.4854	0.4770	0.4685	0.4599	0.4512
0.85	0.5230	0.5148	0.5066	0.4983	0.4900	0.4815	0.4730	0.4645	0.4558	0.4471	0.4383
0.86	0.5113	0.5030	0.4947	0.4862	0.4777	0.4692	0.4606	0.4519	0.4431	0.4343	0.4253
0.87	0.4995	0.4911	0.4826	0.4741	0.4654	0.4567	0.4480	0.4392	0.4303	0.4213	0.4123
0.88	0.4876	0.4791	0.4704	0.4617	0.4530	0.4442	0.4353	0.4264	0.4173	0.4083	0.3991
0.89	0.4756	0.4669	0.4581	0.4493	0.4404	0.4315	0.4225	0.4134	0.4043	0.3951	0.3858
0.90	0.4633	0.4545	0.4456	0.4367	0.4277	0.4186	0.4095	0.4003	0.3911	0.3817	0.3723
0.91	0.4509	0.4419	0.4329	0.4238	0.4147	0.4055	0.3963	0.3870	0.3776	0.3682	0.3587
0.92	0.4381	0.4291	0.4199	0.4108	0.4015	0.3922	0.3829	0.3735	0.3640	0.3545	0.3449
0.93	0.4251	0.4159	0.4067	0.3974	0.3880	0.3786	0.3692	0.3597	0.3501	0.3404	0.3307
0.94	0.4117	0.4024	0.3930	0.3836	0.3742	0.3647	0.3551	0.3455	0.3358	0.3261	0.3163
0.95	0.3978	0.3884	0.3789	0.3694	0.3598	0.3502	0.3406	0.3309	0.3211	0.3113	0.3014
0.96	0.3833	0.3737	0.3641	0.3545	0.3449	0.3352	0.3254	0.3156	0.3058	0.2959	0.2859
0.97	0.3678	0.3582	0.3485	0.3388	0.3290	0.3192	0.3094	0.2995	0.2896	0.2796	0.2696
0.98	0.3510	0.3412	0.3314	0.3216	0.3118	0.3019	0.2920	0.2821	0.2721	0.2621	0.2520
0.99	0.3316	0.3217	0.3118	0.3019	0.2919	0.2820	0.2720	0.2620	0.2520	0.2420	0.2319
1.00	0.3000	0.2900	0.2800	0.2700	0.2600	0.2500	0.2400	0.2300	0.2200	0.2100	0.2000

α\ k	0.80	0.81	0.82	0.83	0.84	0.85	0.86	0.87	0.88	0.89	0.90
0.00	1.8000	1.8100	1.8200	1.8300	1.8400	1.8500	1.8600	1.8700	1.8800	1.8900	1.9000
0.01	1.7363	1.7454	1.7545	1.7635	1.7726	1.7817	1.7907	1.7998	1.8089	1.8179	1.8270
0,02	1.6986	1.7072	1.7157	1.7242	1.7328	1.7413	1.7498	1.7583	1.7668	1.7754	1.7839
0.03	1.6669	1.6750	1.6831	1.6911	1.6992	1.7073	1.7153	1.7234	1.7314	1.7395	1.7475
0.04	1.6385	1.6462	1.6538	1.6615	1.6692	1.6768	1.6844	1.6921	1.6997	1.7073	1.7149
0.05	1.6123	1.6196	1.6269	1.6342	1.6414	1.6487	1.6559	1.6632	1.6704	1.6777	1.6849
0.06	1.5877	1.5947	1.6016	1.6085	1.6154	1.6223	1.6292	1.6361	1.6430	1.6498	1.6567
0.07	1.5644	1.5710	1.5776	1.5842	1.5908	1.5973	1.6039	1.6104	1.6169	1.6235	1.6300
0.08	1.5421	1.5484	1.5547	1.5609	1.5672	1.5734	1.5796	1.5858	1.5920	1.5982	1.6044
0.09	1.5207	1.5266	1.5326	1.5385	1.5445	1.5504	1.5563	1.5622	1.5681	1.5740	1.5798
0.10	1.5000	1.5056	1.5113	1.5169	1.5226	1.5282	1.5338	1.5394	1.5449	1.5505	1.5560
0.11	1.4799	1.4852	1.4906	1.4960	1.5013	1.5066	1.5119	1.5172	1.5225	1.5278	1.5330
0.12	1.4603	1.4654	1.4705	1.4756	1.4806	1.4857	1.4907	1.4957	1.5007	1.5056	1.5106
0.13	1.4413	1.4461	1.4509	1.4557	1.4605	1.4652	1.4699	1.4747	1.4794	1.4811	1.4887
0.14	1.4227	1.4272	1.4317	1.4363	1.4408	1.4452	1.4497	1.4541	1.4586	1.4630	1.4674
0.15	1.4044	1.4087	1.4130	1.4172	1.4215	1.4257	1.4299	1.4340	1.4382	1.4423	1.4464
0.16	1.3866	1.3906	1.3946	1.3986	1.4026	1.4065	1.4104	1.4143	1.4182	1.4221	1.4259
0.17	1.3690	1.3728	1.3765	1.3803	1.3840	1.3877	1.3913	1.3950	1.3986	1.4022	1.4058
0.18	1.3518	1.3553	1.3588	1.3623	1.3657	1.3692	1.3726	1.3760	1.3793	1.3827	1.3860
0.19	1.3348	1.3381	1.3413	1.3446	1.3478	1.3510	1.3541	1.3573	1.3604	1.3635	1.3665
0.20	1.3181	1.3211	1.3241	1.3271	1.3301	1.3330	1.3359	1.3388	1.3417	1.3445	1.3473
0.21	1.3016	1.3044	1.3072	1.3099	1.3126	1.3153	1.3180	1.3207	1.3233	1.3259	1.3284
0.22	1.2853	1.2879	1.2904	1.2930	1.2954	1.2979	1.3003	1.3027	1.3051	1.3074	1.3098
0.23	1.2693	1.2716	1.2739	1.2762	1.2784	1.2807	1.2829	1.2850	1.2872	1.2893	1.2913
0.24	1.2534	1.2555	1.2576	1.2596	1.2617	1.2636	1.2656	1.2675	1.2694	1.2713	1.2731
0.25	1.2378	1.2396	1.2415	1.2433	1.2451	1.2468	1.2485	1.2502	1.2519	1.2535	1.2551
0.26	1.2223	1.2239	1.2255	1.2271	1.2287	1.2302	1.2317	1.2331	1.2346	1.2360	1.2373
0.27	1.2069	1.2083	1.2097	1.2111	1.2124	1.2137	1.2150	1.2162	1.2174	1.2186	1.2197
0.28	1.1917	1.1929	1.1941	1.1952	1.1963	1.1974	1.1985	1.1995	1.2004	1.2014	1.2023
0.29	1.1767	1.1777	1.1786	1.1795	1.1804	1.1813	1.1821	1.1829	1.1836	1.1843	1.1850
0.30	1.1618	1.1625	1.1633	1.1640	1.1646	1.1653	1.1659	1.1664	1.1669	1.1674	1.1679
0.31	1.1470	1.1475	1.1481	1.1485	1.1490	1.1494	1.1498	1.1501	1.1504	1.1507	1.1509
0.32	1.1323	1.1327	1.1330	1.1332	1.1335	1.1337	1.1338	1.1340	1.1340	1.1341	1.1341
0.33	1.1178	1.1179	1.1180	1.1181	1.1181	1.1181	1.1180	1.1179	1.1178	1.1176	1.1174
0.34	1.1033	1.1033	1.1032	1.1030	1.1028	1.1026	1.1023	1.1020	1.1017	1.1013	1.1008
0.35	1.0890	1.0887	1.0884	1.0881	1.0877	1.0872	1.0868	1.0862	1.0857	1.0851	1.0844
0.36	1.0748	1.0743	1.0738	1.0732	1.0726	1.0720	1.0713	1.0705	1.0698	1.0689	1.0681
0.37	1.0607	1.0600	1.0593	1.0585	1.0577	1.0568	1.0559	1.0550	1.0540	1.0529	1.0519
0.38	1.0466	1.0458	1.0448	1.0439	1.0428	1.0418	1.0407	1.0395	1.0383	1.0371	1.0358
0.39	1.0327	1.0316	1.0305	1.0293	1.0281	1.0268	1.0255	1.0241	1.0227	1.0213	1.0198
0.40	1.0188	1.0176	1.0162	1.0148	1.0134	1.0120	1.0104	1.0089	1.0072	1.0056	1.0039
0.41	1.0051	1.0036	1.0020	1.0005	0.9988	0.9972	0.9955	0.9937	0.9919	0.9900	0.9881
0.42	0.9914	0.9897	0.9880	0.9862	0.9844	0.9825	0.9806	0.9786	0.9766	0.9745	0.9723
0.43	0.9777	0.9759	0.9739	0.9720	0.9699	0.9679	0.9657	0.9636	0.9613	0.9500	0.9567
0.44	0.9642	0.9621	0.9600	0.9578	0.9556	0.9533	0.9510	0.9486	0.9462	0.9437	0.9412
0.45	0.9507	0.9484	0.9461	0.9438	0.9413	0.9389	0.9364	0.9338	0.9311	0.9284	0.9257
0.46	0.9373	0.9348	0.9323	0.9298	0.9271	0.9245	0.9218	0.9190	0.9162	0.9133	0.9103
0.47	0.9239	0.9213	0.9186	0.9158	0.9130	0.9102	0.9072	0.9043	0.9012	0.8981	0.8950
0.48	0.9106	0.9078	0.9049	0.9020	0.8990	0.8959	0.8928	0.8896	0.8864	0.8831	0.8798
0.49	0.8974	0.8943	0.8913	0.8881	0.8850	0.8817	0.8784	0.8750	0.8716	0.8681	0.8646
0.50	0.8842	0.8810	0.8777	0.8744	0.8710	0.8676	0.8641	0.8605	0.8569	0.8532	0.8495

α\k	0.80	0.81	0.82	0.83	0.84	0.85	0.86	0.87	0.88	0.89	0.90
0.50	0.8842	0.8810	0.8777	0.8744	0.8710	0.8676	0.8641	0.8605	0.8569	0.8532	0.8495
0.51	0.8710	0.8676	0.8642	0.8607	0.8571	0.8535	0.8498	0.8461	0.8423	0.8384	0.8344
0.52	0.8579	0.8544	0.8507	0.8470	0.8433	0.8395	0.8356	0.8317	0.8277	0.8236	0.8194
0.53	0.8449	0.8411	0.8373	0.8335	0.8295	0.8255	0.8215	0.8173	0.8131	0.8088	0.8045
0.54	0.8319	0.8280	0.8240	0.8199	0.8158	0.8116	0.8073	0.8030	0.7986	0.7942	0.7896
0.55	0.8189	0.8148	0.8107	0.8064	0.8021	0.7977	0.7933	0.7888	0.7842	0.7795	0.7748
0.56	0.8060	0.8017	0.7974	0.7930	0.7885	0.7839	0.7793	0.7746	0.7698	0.7650	0.7600
0.57	0.7931	0.7887	0.7841	0.7795	0.7749	0.7701	0.7653	0.7604	0.7555	0.7504	0.7453
0.58	0.7803	0.7757	0.7709	0.7662	0.7613	0.7564	0.7514	0.7463	0.7412	0.7360	0.7307
0.59	0.7675	0.7627	0.7578	0.7528	0.7478	0.7427	0.7375	0.7323	0.7269	0.7215	0.7160
0.60	0.7547	0.7497	0.7447	0.7395	0.7343	0.7290	0.7237	0.7182	0.7127	0.7071	0.7015
0.61	0.7420	0.7368	0.7316	0.7263	0.7209	0.7154	0.7099	0.7043	0.6986	0.6928	0.6869
0.62	0.7293	0.7239	0.7185	0.7130	0.7075	0.7018	0.6961	0.6903	0.6844	0.6785	0.6724
0.63	0.7166	0.7111	0.7055	0.6998	0.6941	0.6883	0.6824	0.6764	0.6703	0.6642	0.6580
0.64	0.7039	0.6982	0.6925	0.6866	0.6807	0.6747	0.6687	0.6625	0.6563	0.6499	0.6435
0.65	0.6912	0.6854	0.6795	0.6735	0.6674	0.6612	0.6550	0.6487	0.6422	0.6357	0.6291
0.66	0.6786	0.6726	0.6665	0.6603	0.6541	0.6478	0.6413	0.6348	0.6282	0.6216	0.6148
0.67	0.6660	0.6598	0.6536	0.6472	0.6408	0.6343	0.6277	0.6210	0.6143	0.6074	0.6004
0.68	0.6534	0.6471	0.6406	0.6341	0.6275	0.6209	0.6141	0.6073	0.6003	0.5933	0.5861
0.69	0.6408	0.6343	0.6277	0.6210	0.6143	0.6075	0.6005	0.5935	0.5864	0.5792	0.5719
0.70	0.6282	0.6216	0.6148	0.6080	0.6011	0.5941	0.5870	0.5798	0.5725	0.5651	0.5576
0.71	0.6157	0.6088	0.6019	0.5949	0.5879	0.5807	0.5734	0.5661	0.5586	0.5510	0.5434
0.72	0.6031	0.5961	0.5890	0.5819	0.5746	0.5673	0.5599	0.5524	0.5447	0.5370	0.5292
0.73	0.5905	0.5834	0.5762	0.5688	0.5614	0.5539	0.5464	0.5387	0.5309	0.5230	0.5150
0.74	0.5780	0.5707	0.5633	0.5558	0.5482	0.5406	0.5328	0.5250	0.5170	0.5090	0.5008
0.75	0.5654	0.5579	0.5504	0.5428	0.5351	0.5272	0.5193	0.5113	0.5032	0.4950	0.4866
0.76	0.5528	0.5452	0.5375	0.5297	0.5219	0.5139	0.5058	0.4977	0.4894	0.4810	0.4725
0.77	0.5402	0.5325	0.5246	0.5167	0.5087	0.5005	0.4923	0.4840	0.4756	0.4670	0.4583
0.78	0.5276	0.5197	0.5117	0.5036	0.4954	0.4872	0.4788	0.4703	0.4617	0.4530	0.4442
0.79	0.5150	0.5069	0.4988	0.4905	0.4822	0.4738	0.4653	0.4566	0.4479	0.4390	0.4301
0.80	0.5023	0.4941	0.4858	0.4774	0.4690	0.4604	0.4517	0.4430	0.4341	0.4251	0.4159
0.81	0.4896	0.4813	0.4728	0.4643	0.4557	0.4470	0.4382	0.4293	0.4202	0.4111	0.4018
0.82	0.4769	0.4684	0.4598	0.4512	0.4424	0.4336	0.4246	0.4155	0.4064	0.3971	0.3876
0.83	0.4641	0.4555	0.4468	0.4380	0.4291	0.4201	0.4110	0.4018	0.3925	0.3830	0.3735
0.84	0.4512	0.4425	0.4336	0.4247	0.4157	0.4066	0.3974	0.3880	0.3786	0.3690	0.3593
0.85	0.4383	0.4294	0.4205	0.4114	0.4023	0.3930	0.3837	0.3742	0.3646	0.3549	0.3451
0.86	0.4253	0.4163	0.4072	0.3981	0.3888	0.3794	0.3699	0.3603	0.3506	0.3408	0.3308
0.87	0.4123	0.4031	0.3939	0.3846	0.3752	0.3657	0.3561	0.3464	0.3366	0.3266	0.3165
0.88	0.3991	0.3898	0.3805	0.3711	0.3616	0.3520	0.3422	0.3324	0.3225	0.3124	0.3022
0.89	0.3858	0.3764	0.3670	0.3574	0.3478	0.3381	0.3283	0.3183	0.3083	0.2981	0.2878
0.90	0.3723	0.3629	0.3533	0.3437	0.3339	0.3241	0.3142	0.3041	0.2940	0.2837	0.2733
0.91	0.3587	0.3491	0.3395	0.3297	0.3199	0.3100	0.2999	0.2898	0.2796	0.2692	0.2587
0.92	0.3449	0.3352	0.3254	0.3156	0.3057	0.2956	0.2855	0.2753	0.2650	0.2545	0.2439
0.93	0.3307	0.3210	0.3111	0.3012	0.2912	0.2811	0.2709	0.2606	0.2502	0.2397	0.2290
0.94	0.3163	0.3064	0.2965	0.2865	0.2764	0.2663	0.2560	0.2457	0.2352	0.2246	0.2139
0.95	0.3014	0.2915	0.2815	0.2714	0.2613	0.2511	0.2407	0.2303	0.2199	0.2092	0.1985
0.96	0.2859	0.2759	0.2659	0.2558	0.2456	0.2353	0.2250	0.2146	0.2040	0.1934	0.1827
0.97	0.2696	0.2596	0.2495	0.2393	0.2291	0.2188	0.2085	0.1981	0.1876	0.1770	0.1663
0.98	0.2520	0.2420	0.2318	0.2217	0.2114	0.2012	0.1909	0.1805	0.1700	0.1595	0.1489
0.99	0.2319	0.2219	0.2117	0.2016	0.1914	0.1812	0.1710	0.1607	0.1503	0.1399	0.1295
1.00	0.2000	0.1900	0.1800	0.1700	0.1600	0.1500	0.1400	0.1300	0.1200	0.1100	0.1000

α\k	0.90	0.91	0.92	0.93	0.94	0.95	0.96	0.97	0.98	0.99	1.00
0.00	1.9000	1.9100	1.9200	1.9300	1.9400	1.9500	1.9600	1.9700	1.9800	1.9900	2.0000
0.01	1.8270	1.8361	1.8451	1.8542	1.8632	1.8723	1.8813	1.8904	1.8994	1.9084	1.9175
0.02	1.7839	1.7924	1.8008	1.8093	1.8178	1.8263	1.8348	1.8433	1.8517	1.8602	1.8687
0.03	1.7475	1.7555	1.7636	1.7716	1.7796	1.7876	1.7956	1.8036	1.8116	1.8196	1.8275
0.04	1.7149	1.7225	1.7301	1.7377	1.7453	1.7529	1.7605	1.7680	1.7756	1.7831	1.7907
0.05	1.6849	1.6921	1.6993	1.7065	1.7137	1.7209	1.7281	1.7352	1.7424	1.7495	1.7567
0.06	1.6567	1.6636	1.6704	1.6772	1.6840	1.6909	1.6977	1.7045	1.7112	1.7180	1.7248
0.07	1.6300	1.6365	1.6430	1.6494	1.6559	1.6624	1.6688	1.6753	1.6817	1.6881	1.6945
0.08	1.6044	1.6106	1.6167	1.6229	1.6290	1.6351	1.6412	1.6473	1.6534	1.6595	1.6656
0.09	1.5798	1.5857	1.5915	1.5973	1.6031	1.6089	1.6147	1.6205	1.6262	1.6320	1.6377
0.10	1.5560	1.5616	1.5671	1.5726	1.5781	1.5836	1.5890	1.5945	1.5999	1.6054	1.6108
0.11	1.5330	1.5382	1.5435	1.5487	1.5538	1.5590	1.5642	1.5693	1.5744	1.5796	1.5847
0.12	1.5106	1.5155	1.5204	1.5254	1.5302	1.5351	1.5400	1.5448	1.5496	1.5545	1.5592
0.13	1.4887	1.4934	1.4980	1.5026	1.5072	1.5118	1.5164	1.5209	1.5255	1.5300	1.5345
0.14	1.4674	1.4717	1.4761	1.4804	1.4847	1.4890	1.4933	1.4976	1.5018	1.5060	1.5102
0.15	1.4464	1.4505	1.4546	1.4587	1.4627	1.4667	1.4707	1.4747	1.4787	1.4826	1.4865
0.16	1.4259	1.4298	1.4336	1.4374	1.4411	1.4449	1.4486	1.4523	1.4560	1.4596	1.4633
0.17	1.4058	1.4094	1.4129	1.4164	1.4199	1.4234	1.4268	1.4303	1.4337	1.4371	1.4404
0.18	1.3860	1.3893	1.3926	1.3958	1.3991	1.4023	1.4055	1.4086	1.4118	1.4149	1.4180
0.19	1.3665	1.3696	1.3726	1.3756	1.3786	1.3815	1.3844	1.3873	1.3902	1.3931	1.3959
0.20	1.3473	1.3501	1.3529	1.3556	1.3584	1.3610	1.3637	1.3663	1.3690	1.3715	1.3741
0.21	1.3284	1.3310	1.3335	1.3360	1.3384	1.3409	1.3433	1.3457	1.3480	1.3503	1.3526
0.22	1.3098	1.3121	1.3143	1.3166	1.3188	1.3210	1.3231	1.3252	1.3273	1.3294	1.3314
0.23	1.2913	1.2934	1.2954	1.2974	1.2994	1.3013	1.3032	1.3051	1.3069	1.3087	1.3105
0.24	1.2731	1.2749	1.2767	1.2785	1.2802	1.2819	1.2835	1.2852	1.2868	1.2883	1.2899
0.25	1.2551	1.2567	1.2582	1.2598	1.2612	1.2627	1.2641	1.2655	1.2668	1.2681	1.2694
0.26	1.2373	1.2387	1.2400	1.2412	1.2425	1.2437	1.2449	1.2460	1.2471	1.2482	1.2492
0.27	1.2197	1.2208	1.2219	1.2229	1.2239	1.2249	1.2258	1.2267	1.2276	1.2284	1.2292
0.28	1.2023	1.2032	1.2040	1.2048	1.2055	1.2063	1.2070	1.2076	1.2082	1.2088	1.2094
0.29	1.1850	1.1856	1.1863	1.1868	1.1873	1.1878	1.1883	1.1887	1.1891	1.1894	1.1897
0.30	1.1679	1.1683	1.1687	1.1690	1.1693	1.1696	1.1698	1.1700	1.1701	1.1702	1.1703
0.31	1.1509	1.1511	1.1513	1.1514	1.1514	1.1515	1.1515	1.1514	1.1513	1.1512	1.1510
0.32	1.1341	1.1341	1.1340	1.1339	1.1337	1.1335	1.1333	1.1330	1.1326	1.1323	1.1319
0.33	1.1174	1.1171	1.1168	1.1165	1.1161	1.1157	1.1152	1.1147	1.1141	1.1135	1.1129
0.34	1.1008	1.1004	1.0998	1.0993	1.0987	1.0980	1.0973	1.0966	1.0958	1.0949	1.0940
0.35	1.0844	1.0837	1.0830	1.0822	1.0813	1.0805	1.0795	1.0786	1.0775	1.0765	1.0754
0.36	1.0681	1.0672	1.0662	1.0652	1.0641	1.0630	1.0619	1.0607	1.0594	1.0581	1.0568
0.37	1.0519	1.0507	1.0496	1.0483	1.0471	1.0457	1.0444	1.0429	1.0415	1.0399	1.0383
0.38	1.0358	1.0344	1.0330	1.0316	1.0301	1.0285	1.0269	1.0253	1.0236	1.0218	1.0200
0.39	1.0198	1.0182	1.0166	1.0149	1.0132	1.0115	1.0096	1.0078	1.0058	1.0039	1.0018
0.40	1.0039	1.0021	1.0003	0.9984	0.9965	0.9945	0.9924	0.9904	0.9882	0.9860	0.9837
0.41	0.9881	0.9861	0.9840	0.9820	0.9798	0.9776	0.9754	0.9730	0.9707	0.9682	0.9657
0.42	0.9723	0.9701	0.9679	0.9656	0.9632	0.9608	0.9584	0.9558	0.9532	0.9506	0.9479
0.43	0.9567	0.9543	0.9519	0.9493	0.9468	0.9441	0.9415	0.9387	0.9359	0.9330	0.9301
0.44	0.9412	0.9386	0.9359	0.9332	0.9304	0.9275	0.9246	0.9217	0.9186	0.9155	0.9124
0.45	0.9257	0.9229	0.9200	0.9171	0.9141	0.9110	0.9079	0.9047	0.9015	0.8982	0.8948
0.46	0.9103	0.9073	0.9042	0.9011	0.8979	0.8946	0.8913	0.8879	0.8844	0.8809	0.8772
0.47	0.8950	0.8918	0.8885	0.8852	0.8817	0.8783	0.8747	0.8711	0.8674	0.8636	0.8598
0.48	0.8798	0.8763	0.8728	0.8693	0.8657	0.8620	0.8582	0.8544	0.8505	0.8465	0.8424
0.49	0.8646	0.8610	0.8573	0.8535	0.8497	0.8458	0.8418	0.8378	0.8336	0.8294	0.8252
0.50	0.8495	0.8456	0.8418	0.8378	0.8338	0.8297	0.8255	0.8212	0.8169	0.8125	0.8080

$\alpha \backslash k$	0.90	0.91	0.92	0.93	0.94	0.95	0.96	0.97	0.98	0.99	1.00
0.50	0.8495	0.8456	0.8418	0.8378	0.8338	0.8297	0.8255	0.8212	0.8169	0.8125	0.8080
0.51	0.8344	0.8304	0.8263	0.8221	0.8179	0.8136	0.8092	0.8047	0.8002	0.7955	0.7908
0.52	0.8194	0.8152	0.8109	0.8066	0.8021	0.7976	0.7930	0.7883	0.7835	0.7787	0.7737
0.53	0.8045	0.8001	0.7956	0.7910	0.7864	0.7817	0.7769	0.7720	0.7670	0.7619	0.7567
0.54	0.7896	0.7850	0.7803	0.7756	0.7707	0.7658	0.7608	0.7557	0.7505	0.7452	0.7398
0.55	0.7748	0.7700	0.7651	0.7602	0.7551	0.7500	0.7447	0.7394	0.7340	0.7285	0.7229
0.56	0.7600	0.7550	0.7500	0.7448	0.7396	0.7342	0.7288	0.7233	0.7176	0.7119	0.7061
0.57	0.7453	0.7401	0.7349	0.7295	0.7240	0.7185	0.7129	0.7071	0.7013	0.6954	0.6894
0.58	0.7307	0.7253	0.7198	0.7142	0.7086	0.7029	0.6970	0.6911	0.6850	0.6789	0.6726
0.59	0.7160	0.7105	0.7048	0.6990	0.6932	0.6873	0.6812	0.6751	0.6688	0.6625	0.6560
0.60	0.7015	0.6957	0.6898	0.6839	0.6778	0.6717	0.6655	0.6591	0.6526	0.6461	0.6394
0.61	0.6869	0.6810	0.6749	0.6688	0.6625	0.6562	0.6497	0.6432	0.6365	0.6297	0.6228
0.62	0.6724	0.6663	0.6600	0.6537	0.6473	0.6407	0.6341	0.6273	0.6204	0.6134	0.6063
0.63	0.6580	0.6516	0.6452	0.6387	0.6320	0.6253	0.6185	0.6115	0.6044	0.5972	0.5899
0.64	0.6435	0.6370	0.6304	0.6237	0.6169	0.6099	0.6029	0.5957	0.5884	0.5810	0.5734
0.65	0.6291	0.6224	0.6156	0.6087	0.6017	0.5946	0.5873	0.5800	0.5725	0.5648	0.5571
0.66	0.6148	0.6079	0.6009	0.5938	0.5866	0.5793	0.5718	0.5643	0.5566	0.5487	0.5407
0.67	0.6004	0.5934	0.5862	0.5789	0.5715	0.5640	0.5564	0.5486	0.5407	0.5326	0.5244
0.68	0.5861	0.5789	0.5715	0.5641	0.5565	0.5488	0.5409	0.5330	0.5249	0.5166	0.5082
0.69	0.5719	0.5644	0.5569	0.5493	0.5415	0.5336	0.5256	0.5174	0.5091	0.5006	0.4920
0.70	0.5576	0.5500	0.5423	0.5345	0.5265	0.5184	0.5102	0.5018	0.4933	0.4846	0.4758
0.71	0.5434	0.5356	0.5277	0.5197	0.5116	0.5033	0.4949	0.4863	0.4776	0.4687	0.4596
0.72	0.5292	0.5212	0.5132	0.5050	0.4966	0.4882	0.4796	0.4708	0.4619	0.4528	0.4435
0.73	0.5150	0.5069	0.4986	0.4902	0.4817	0.4731	0.4643	0.4553	0.4462	0.4369	0.4274
0.74	0.5008	0.4925	0.4841	0.4755	0.4669	0.4580	0.4490	0.4399	0.4306	0.4210	0.4113
0.75	0.4866	0.4782	0.4696	0.4609	0.4520	0.4430	0.4338	0.4245	0.4149	0.4052	0.3953
0.76	0.4725	0.4639	0.4551	0.4462	0.4372	0.4280	0.4186	0.4091	0.3994	0.3894	0.3793
0.77	0.4583	0.4496	0.4406	0.4316	0.4223	0.4130	0.4034	0.3937	0.3838	0.3737	0.3633
0.78	0.4442	0.4353	0.4262	0.4169	0.4075	0.3980	0.3883	0.3784	0.3682	0.3579	0.3473
0.79	0.4301	0.4210	0.4117	0.4023	0.3928	0.3830	0.3731	0.3630	0.3527	0.3422	0.3314
0.80	0.4159	0.4067	0.3972	0.3877	0.3780	0.3681	0.3580	0.3477	0.3372	0.3265	0.3155
0.81	0.4018	0.3924	0.3828	0.3731	0.3632	0.3531	0.3429	0.3324	0.3217	0.3108	0.2996
0.82	0.3876	0.3781	0.3683	0.3585	0.3484	0.3382	0.3278	0.3172	0.3063	0.2951	0.2837
0.83	0.3735	0.3637	0.3539	0.3439	0.3337	0.3233	0.3127	0.3019	0.2908	0.2795	0.2678
0.84	0.3593	0.3494	0.3394	0.3292	0.3189	0.3084	0.2976	0.2866	0.2754	0.2639	0.2520
0.85	0.3451	0.3351	0.3249	0.3146	0.3041	0.2934	0.2825	0.2714	0.2600	0.2482	0.2362
0.86	0.3308	0.3207	0.3104	0.3000	0.2893	0.2785	0.2675	0.2561	0.2446	0.2326	0.2204
0.87	0.3165	0.3063	0.2959	0.2853	0.2745	0.2636	0.2524	0.2409	0.2292	0.2171	0.2046
0.88	0.3022	0.2918	0.2813	0.2706	0.2597	0.2486	0.2373	0.2257	0.2138	0.2015	0.1888
0.89	0.2878	0.2773	0.2667	0.2559	0.2449	0.2336	0.2222	0.2104	0.1984	0.1859	0.1730
0.90	0.2733	0.2627	0.2520	0.2411	0.2300	0.2186	0.2070	0.1952	0.1830	0.1704	0.1572
0.91	0.2587	0.2480	0.2372	0.2262	0.2150	0.2036	0.1919	0.1799	0.1676	0.1548	0.1415
0.92	0.2439	0.2332	0.2223	0.2112	0.2000	0.1885	0.1767	0.1646	0.1522	0.1392	0.1258
0.93	0.2290	0.2182	0.2073	0.1962	0.1848	0.1733	0.1614	0.1493	0.1367	0.1237	0.1100
0.94	0.2139	0.2031	0.1921	0.1809	0.1696	0.1579	0.1461	0.1339	0.1213	0.1081	0.0943
0.95	0.1985	0.1877	0.1766	0.1655	0.1541	0.1425	0.1306	0.1184	0.1058	0.0926	0.0786
0.96	0.1827	0.1718	0.1608	0.1497	0.1383	0.1268	0.1149	0.1028	0.0902	0.0770	0.0628
0.97	0.1663	0.1555	0.1445	0.1334	0.1222	0.1107	0.0990	0.0869	0.0744	0.0613	0.0471
0.98	0.1489	0.1382	0.1273	0.1164	0.1053	0.0940	0.0825	0.0707	0.0584	0.0456	0.0314
0.99	0.1295	0.1190	0.1084	0.0977	0.0869	0.0759	0.0648	0.0535	0.0418	0.0295	0.0157
1.00	0.1000	0.0900	0.0800	0.0700	0.0600	0.0500	0.0400	0.0300	0.0200	0.0100	0.0000

III.
Tafel der Werte $\cos^2 \vartheta$ in Neugrad

ϑ	$\cos^2 \vartheta$	ϑ	$\cos^2 \vartheta$	ϑ	$\cos^2 \vartheta$	ϑ	$\cos^2 \vartheta$	ϑ	$\cos^2 \vartheta$
0g0	1.0000	**5g0**	0.9938	**10g0**	0.9755	**15g0**	0.9455	**20g0**	0.9045
0.1	1.0000	5.1	0.9936	10.1	0.9750	15.1	0.9448	20.1	0.9036
0.2	1.0000	5.2	0.9933	10.2	0.9745	15.2	0.9441	20.2	0.9027
0.3	1.0000	5.3	0.9931	10.3	0.9741	15.3	0.9433	20.3	0.9017
0.4	1.0000	5.4	0.9928	10.4	0.9735	15.4	0.9426	20.4	0.9008
0.5	0.9999	5.5	0.9926	10.5	0.9730	15.5	0.9419	20.5	0.8998
0.6	0.9999	5.6	0.9923	10.6	0.9725	15.6	0.9411	20.6	0.8989
0.7	0.9999	5.7	0.9920	10.7	0.9720	15.7	0.9404	20.7	0.8979
0.8	0.9998	5.8	0.9917	10.8	0.9715	15.8	0.9397	20.8	0.8970
0.9	0.9998	5.9	0.9914	10.9	0.9710	15.9	0.9389	20.9	0.8960
1.0	0.9998	**6.0**	0.9911	**11.0**	0.9704	**16.0**	0.9382	**21.0**	0.8951
1.1	0.9997	6.1	0.9908	11.1	0.9699	16.1	0.9374	21.1	0.8941
1.2	0.9996	6.2	0.9905	11.2	0.9694	16.2	0.9366	21.2	0.8931
1.3	0.9996	6.3	0.9902	11.3	0.9688	16.3	0.9359	21.3	0.8922
1.4	0.9995	6.4	0.9899	11.4	0.9683	16.4	0.9351	21.4	0.8912
1.5	0.9994	6.5	0.9896	11.5	0.9677	16.5	0.9343	21.5	0.8902
1.6	0.9994	6.6	0.9893	11.6	0.9672	16.6	0.9335	21.6	0.8892
1.7	0.9993	6.7	0.9890	11.7	0.9666	16.7	0.9328	21.7	0.8882
1.8	0.9992	6.8	0.9886	11.8	0.9660	16.8	0.9320	21.8	0.8873
1.9	0.9991	6.9	0.9883	11.9	0.9655	16.9	0.9312	21.9	0.8863
2.0	0.9990	**7.0**	0.9880	**12.0**	0.9649	**17.0**	0.9304	**22.0**	0.8853
2.1	0.9989	7.1	0.9876	12.1	0.9643	17.1	0.9296	22.1	0.8843
2.2	0.9988	7.2	0.9873	12.2	0.9637	17.2	0.9288	22.2	0.8832
2.3	0.9987	7.3	0.9869	12.3	0.9631	17.3	0.9280	22.3	0.8822
2.4	0.9986	7.4	0.9865	12.4	0.9625	17.4	0.9271	22.4	0.8812
2.5	0.9985	7.5	0.9862	12.5	0.9619	17.5	0.9263	22.5	0.8802
2.6	0.9983	7.6	0.9858	12.6	0.9613	17.6	0.9255	22.6	0.8792
2.7	0.9982	7.7	0.9854	12.7	0.9607	17.7	0.9247	22.7	0.8782
2.8	0.9981	7.8	0.9851	12.8	0.9601	17.8	0.9238	22.8	0.8771
2.9	0.9979	7.9	0.9847	12.9	0.9595	17.9	0.9230	22.9	0.8761
3.0	0.9978	**8.0**	0.9843	**13.0**	0.9589	**18.0**	0.9222	**23.0**	0.8751
3.1	0.9976	8.1	0.9839	13.1	0.9583	18.1	0.9213	23.1	0.8740
3.2	0.9975	8.2	0.9835	13.2	0.9576	18.2	0.9205	23.2	0.8730
3.3	0.9973	8.3	0.9831	13.3	0.9570	18.3	0.9196	23.3	0.8719
3.4	0.9972	8.4	0.9827	13.4	0.9563	18.4	0.9188	23.4	0.8709
3.5	0.9970	8.5	0.9823	13.5	0.9557	18.5	0.9179	23.5	0.8698
3.6	0.9968	8.6	0.9819	13.6	0.9551	18.6	0.9170	23.6	0.8688
3.7	0.9966	8.7	0.9814	13.7	0.9544	18.7	0.9162	23.7	0.8677
3.8	0.9964	8.8	0.9810	13.8	0.9537	18.8	0.9153	23.8	0.8666
3.9	0.9963	8.9	0.9806	13.9	0.9531	18.9	0.9144	23.9	0.8656
4.0	0.9961	**9.0**	0.9801	**14.0**	0.9524	**19.0**	0.9135	**24.0**	0.8645
4.1	0.9959	9.1	0.9797	14.1	0.9517	19.1	0.9127	24.1	0.8634
4.2	0.9957	9.2	0.9793	14.2	0.9511	19.2	0.9118	24.2	0.8623
4.3	0.9954	9.3	0.9788	14.3	0.9504	19.3	0.9109	24.3	0.8612
4.4	0.9952	9.4	0.9784	14.4	0.9497	19.4	0.9100	24.4	0.8601
4.5	0.9950	9.5	0.9779	14.5	0.9490	19.5	0.9091	24.5	0.8591
4.6	0.9948	9.6	0.9774	14.6	0.9483	19.6	0.9082	24.6	0.8580
4.7	0.9946	9.7	0.9770	14.7	0.9476	19.7	0.9073	24.7	0.8569
4.8	0.9943	9.8	0.9765	14.8	0.9469	19.8	0.9063	24.8	0.8558
4.9	0.9941	9.9	0.9760	14.9	0.9462	19.9	0.9054	24.9	0.8547
5.0	0.9938	**10.0**	0.9755	**15.0**	0.9455	**20.0**	0.9045	**25.0**	0.8536

P. P.

	2	**3**	**4**	**5**	**6**	**7**	**8**	**9**	**10**	**11**
1	0.2	0.3	0.4	0.5	0.6	0.7	0.8	0.9	1.0	1.1
2	0.4	0.6	0.8	1.0	1.2	1.4	1.6	1.8	2.0	2.2
3	0.6	0.9	1.2	1.5	1.8	2.1	2.4	2.7	3.0	3.3
4	0.8	1.2	1.6	2.0	2.4	2.8	3.2	3.6	4.0	4.4
5	1.0	1.5	2.0	2.5	3.0	3.5	4.0	4.5	5.0	5.5
6	1.2	1.8	2.4	3.0	3.6	4.2	4.8	5.4	6.0	6.6
7	1.4	2.1	2.8	3.5	4.2	4.9	5.6	6.3	7.0	7.7
8	1.6	2.4	3.2	4.0	4.8	5.6	6.4	7.2	8.0	8.8
9	1.8	2.7	3.6	4.5	5.4	6.3	7.2	8.1	9.0	9.9

ϑ	cos² ϑ	ϑ	cos² ϑ	ϑ	cos² ϑ	ϑ	cos² ϑ	ϑ	cos² ϑ
25°0	0.8536	**30°0**	0.7939	**35°0**	0.7270	**40°0**	0.6545	**45°0**	0.5782
25.1	0.8524	30.1	0.7926	35.1	0.7256	40.1	0.6530	45.1	0.5767
25.2	0.8513	30.2	0.7913	35.2	0.7242	40.2	0.6515	45.2	0.5751
25.3	0.8502	30.3	0.7901	35.3	0.7228	40.3	0.6500	45.3	0.5736
25.4	0.8491	30.4	0.7888	35.4	0.7214	40.4	0.6485	45.4	0.5720
25.5	0.8480	30.5	0.7875	35.5	0.7200	40.5	0.6470	45.5	0.5705
25.6	0.8468	30.6	0.7862	35.6	0.7186	40.6	0.6455	45.6	0.5689
25.7	0.8457	30.7	0.7849	35.7	0.7171	40.7	0.6440	45.7	0.5673
25.8	0.8446	30.8	0.7836	35.8	0.7157	40.8	0.6425	45.8	0.5658
25.9	0.8434	30.9	0.7823	35.9	0.7143	40.9	0.6410	45.9	0.5642
26.0	0.8423	**31.0**	0.7810	**36.0**	0.7129	**41.0**	0.6395	**46.0**	0.5627
26.1	0.8411	31.1	0.7797	36.1	0.7115	41.1	0.6380	46.1	0.5611
26.2	0.8400	31.2	0.7784	36.2	0.7100	41.2	0.6365	46.2	0.5595
26.3	0.8388	31.3	0.7771	36.3	0.7086	41.3	0.6350	46.3	0.5580
26.4	0.8377	31.4	0.7758	36.4	0.7072	41.4	0.6335	46.4	0.5564
26.5	0.8365	31.5	0.7745	36.5	0.7058	41.5	0.6319	46.5	0.5549
26.6	0.8353	31.6	0.7732	36.6	0.7043	41.6	0.6304	46.6	0.5533
26.7	0.8342	31.7	0.7719	36.7	0.7029	41.7	0.6289	46.7	0.5517
26.8	0.8330	31.8	0.7706	36.8	0.7015	41.8	0.6274	46.8	0.5502
26.9	0.8318	31.9	0.7692	36.9	0.7000	41.9	0.6259	46.9	0.5486
27.0	0.8307	**32.0**	0.7679	**37.0**	0.6986	**42.0**	0.6243	**47.0**	0.5471
27.1	0.8295	32.1	0.7666	37.1	0.6971	42.1	0.6228	47.1	0.5455
27.2	0.8283	32.2	0.7653	37.2	0.6957	42.2	0.6213	47.2	0.5439
27.3	0.8271	32.3	0.7639	37.3	0.6942	42.3	0.6198	47.3	0.5424
27.4	0.8259	32.4	0.7626	37.4	0.6928	42.4	0.6182	47.4	0.5408
27.5	0.8247	32.5	0.7612	37.5	0.6913	42.5	0.6167	47.5	0.5392
27.6	0.8235	32.6	0.7599	37.6	0.6899	42.6	0.6152	47.6	0.5377
27.7	0.8223	32.7	0.7586	37.7	0.6884	42.7	0.6137	47.7	0.5361
27.8	0.8211	32.8	0.7572	37.8	0.6870	42.8	0.6121	47.8	0.5345
27.9	0.8199	32.9	0.7559	37.9	0.6855	42.9	0.6106	47.9	0.5330
28.0	0.8187	**33.0**	0.7545	**38.0**	0.6841	**43.0**	0.6091	**48.0**	0.5314
28.1	0.8175	33.1	0.7532	38.1	0.6826	43.1	0.6075	48.1	0.5298
28.2	0.8163	33.2	0.7518	38.2	0.6811	43.2	0.6060	48.2	0.5283
28.3	0.8151	33.3	0.7505	38.3	0.6797	43.3	0.6045	48.3	0.5267
28.4	0.8138	33.4	0.7491	38.4	0.6782	43.4	0.6029	48.4	0.5251
28.5	0.8126	33.5	0.7477	38.5	0.6767	43.5	0.6014	48.5	0.5236
28.6	0.8114	33.6	0.7464	38.6	0.6753	43.6	0.5999	48.6	0.5220
28.7	0.8102	33.7	0.7450	38.7	0.6738	43.7	0.5983	48.7	0.5204
28.8	0.8089	33.8	0.7436	38.8	0.6723	43.8	0.5968	48.8	0.5188
28.9	0.8077	33.9	0.7423	38.9	0.6708	43.9	0.5952	48.9	0.5173
29.0	0.8065	**34.0**	0.7409	**39.0**	0.6694	**44.0**	0.5937	**49.0**	0.5157
29.1	0.8052	34.1	0.7395	39.1	0.6679	44.1	0.5921	49.1	0.5141
29.2	0.8040	34.2	0.7381	39.2	0.6664	44.2	0.5906	49.2	0.5126
29.3	0.8027	34.3	0.7367	39.3	0.6649	44.3	0.5891	49.3	0.5110
29.4	0.8015	34.4	0.7354	39.4	0.6634	44.4	0.5875	49.4	0.5094
29.5	0.8002	34.5	0.7340	39.5	0.6620	44.5	0.5860	49.5	0.5079
29.6	0.7990	34.6	0.7326	39.6	0.6605	44.6	0.5844	49.6	0.5063
29.7	0.7977	34.7	0.7312	39.7	0.6590	44.7	0.5829	49.7	0.5047
29.8	0.7964	34.8	0.7298	39.8	0.6574	44.8	0.5813	49.8	0.5031
29.9	0.7952	34.9	0.7284	39.9	0.6560	44.9	0.5798	49.9	0.5016
30.0	0.7939	**35.0**	0.7270	**40.0**	0.6545	**45.0**	0.5782	**50.0**	0.5000

P. P.

	11	**12**
1	1.1	1.2
2	2.2	2.4
3	3.3	3.6
4	4.4	4.8
5	5.5	6.0
6	6.6	7.2
7	7.7	8.4
8	8.8	9.6
9	9.9	10.8

	13	**14**
1	1.3	1.4
2	2.6	2.8
3	3.9	4.2
4	5.2	5.6
5	6.5	7.0
6	7.8	8.4
7	9.1	9.8
8	10.4	11.2
9	11.7	12.6

	15	**16**
1	1.5	1.6
2	3.0	3.2
3	4.5	4.8
4	6.0	6.4
5	7.5	8.0
6	9.0	9.6
7	10.5	11.2
8	12.0	12.8
9	13.5	14.4

ϑ	cos² ϑ	ϑ	cos² ϑ	ϑ	cos² ϑ	ϑ	cos² ϑ	ϑ	cos² ϑ
50°.0	0.5000	**55°.0**	0.4218	**60°.0**	0.3455	**65°.0**	0.2730	**70°.0**	0.2061
50.1	0.4984	55.1	0.4202	60.1	0.3440	65.1	0.2716	70.1	0.2048
50.2	0.4969	55.2	0.4187	60.2	0.3426	65.2	0.2702	70.2	0.2036
50.3	0.4953	55.3	0.4171	60.3	0.3410	65.3	0.2688	70.3	0.2023
50.4	0.4937	55.4	0.4156	60.4	0.3395	65.4	0.2674	70.4	0.2010
50.5	0.4921	55.5	0.4140	60.5	0.3380	65.5	0.2660	70.5	0.1998
50.6	0.4906	55.6	0.4125	60.6	0.3366	65.6	0.2646	70.6	0.1985
50.7	0.4890	55.7	0.4109	60.7	0.3351	65.7	0.2633	70.7	0.1973
50.8	0.4874	55.8	0.4094	60.8	0.3336	65.8	0.2619	70.8	0.1960
50.9	0.4859	55.9	0.4079	60.9	0.3321	65.9	0.2605	70.9	0.1948
51.0	0.4843	**56.0**	0.4063	**61.0**	0.3306	**66.0**	0.2591	**71.0**	0.1935
51.1	0.4827	56.1	0.4048	61.1	0.3292	66.1	0.2577	71.1	0.1923
51.2	0.4812	56.2	0.4032	61.2	0.3277	66.2	0.2564	71.2	0.1911
51.3	0.4796	56.3	0.4017	61.3	0.3262	66.3	0.2550	71.3	0.1898
51.4	0.4780	56.4	0.4001	61.4	0.3247	66.4	0.2536	71.4	0.1886
51.5	0.4764	56.5	0.3986	61.5	0.3233	66.5	0.2523	71.5	0.1874
51.6	0.4749	56.6	0.3971	61.6	0.3218	66.6	0.2509	71.6	0.1862
51.7	0.4733	56.7	0.3955	61.7	0.3203	66.7	0.2495	71.7	0.1849
51.8	0.4717	56.8	0.3940	61.8	0.3189	66.8	0.2482	71.8	0.1837
51.9	0.4702	56.9	0.3925	61.9	0.3174	66.9	0.2468	71.9	0.1825
52.0	0.4686	**57.0**	0.3909	**62.0**	0.3159	**67.0**	0.2455	**72.0**	0.1813
52.1	0.4670	57.1	0.3894	62.1	0.3145	67.1	0.2441	72.1	0.1801
52.2	0.4655	57.2	0.3879	62.2	0.3130	67.2	0.2428	72.2	0.1789
52.3	0.4639	57.3	0.3863	62.3	0.3116	67.3	0.2414	72.3	0.1777
52.4	0.4623	57.4	0.3848	62.4	0.3101	67.4	0.2401	72.4	0.1765
52.5	0.4608	57.5	0.3833	62.5	0.3087	67.5	0.2388	72.5	0.1753
52.6	0.4592	57.6	0.3818	62.6	0.3072	67.6	0.2374	72.6	0.1741
52.7	0.4576	57.7	0.3802	62.7	0.3058	67.7	0.2361	72.7	0.1729
52.8	0.4561	57.8	0.3787	62.8	0.3043	67.8	0.2347	72.8	0.1717
52.9	0.4545	57.9	0.3772	62.9	0.3029	67.9	0.2334	72.9	0.1705
53.0	0.4529	**58.0**	0.3757	**63.0**	0.3014	**68.0**	0.2321	**73.0**	0.1693
53.1	0.4514	58.1	0.3741	63.1	0.3000	68.1	0.2308	73.1	0.1682
53.2	0.4498	58.2	0.3726	63.2	0.2985	68.2	0.2294	73.2	0.1670
53.3	0.4483	58.3	0.3711	63.3	0.2971	68.3	0.2281	73.3	0.1658
53.4	0.4467	58.4	0.3696	63.4	0.2957	68.4	0.2268	73.4	0.1647
53.5	0.4451	58.5	0.3681	63.5	0.2942	68.5	0.2255	73.5	0.1635
53.6	0.4436	58.6	0.3665	63.6	0.2928	68.6	0.2242	73.6	0.1623
53.7	0.4420	58.7	0.3650	63.7	0.2914	68.7	0.2229	73.7	0.1612
53.8	0.4405	58.8	0.3635	63.8	0.2900	68.8	0.2216	73.8	0.1600
53.9	0.4389	58.9	0.3620	63.9	0.2885	68.9	0.2203	73.9	0.1589
54.0	0.4373	**59.0**	0.3605	**64.0**	0.2871	**69.0**	0.2190	**74.0**	0.1577
54.1	0.4358	59.1	0.3590	64.1	0.2857	69.1	0.2177	74.1	0.1566
54.2	0.4342	59.2	0.3575	64.2	0.2843	69.2	0.2164	74.2	0.1554
54.3	0.4327	59.3	0.3560	64.3	0.2829	69.3	0.2151	74.3	0.1543
54.4	0.4311	59.4	0.3545	64.4	0.2814	69.4	0.2138	74.4	0.1532
54.5	0.4295	59.5	0.3530	64.5	0.2800	69.5	0.2125	74.5	0.1520
54.6	0.4280	59.6	0.3515	64.6	0.2786	69.6	0.2112	74.6	0.1509
54.7	0.4264	59.7	0.3500	64.7	0.2772	69.7	0.2099	74.7	0.1498
54.8	0.4249	59.8	0.3485	64.8	0.2758	69.8	0.2087	74.8	0.1487
54.9	0.4233	59.9	0.3470	64.9	0.2744	69.9	0.2074	74.9	0.1476
55.0	0.4218	**60.0**	0.3455	**65.0**	0.2730	**70.0**	0.2061	**75.0**	0.1464

P. P.

	11	**12**
1	1.1	1.2
2	2.2	2.4
3	3.3	3.6
4	4.4	4.8
5	5.5	6.0
6	6.6	7.2
7	7.7	8.4
8	8.8	9.6
9	9.9	10.8

	13	**14**
1	1.3	1.4
2	2.6	2.8
3	3.9	4.2
4	5.2	5.6
5	6.5	7.0
6	7.8	8.4
7	9.1	9.8
8	10.4	11.2
9	11.7	12.6

	15	**16**
1	1.5	1.6
2	3.0	3.2
3	4.5	4.8
4	6.0	6.4
5	7.5	8.0
6	9.0	9.6
7	10.5	11.2
8	12.0	12.8
9	13.5	14.4

ϑ	cos² ϑ	ϑ	cos² ϑ	ϑ	cos² ϑ	ϑ	cos² ϑ	ϑ	cos² ϑ
75^{g}0	0.1464	**80^{g}0**	0.0955	**85^{g}0**	0.0545	**90^{g}0**	0.0245	**95^{g}0**	0.0062
75.1	0.1453	80.1	0.0946	85.1	0.0538	90.1	0.0240	95.1	0.0059
75.2	0.1442	80.2	0.0937	85.2	0.0531	90.2	0.0235	95.2	0.0057
75.3	0.1431	80.3	0.0927	85.3	0.0524	90.3	0.0230	95.3	0.0054
75.4	0.1420	80.4	0.0918	85.4	0.0517	90.4	0.0226	95.4	0.0052
75.5	0.1409	80.5	0.0909	85.5	0.0510	90.5	0.0221	95.5	0.0050
75.6	0.1399	80.6	0.0900	85.6	0.0503	90.6	0.0216	95.6	0.0048
75.7	0.1388	80.7	0.0891	85.7	0.0496	90.7	0.0212	95.7	0.0046
75.8	0.1377	80.8	0.0882	85.8	0.0489	90.8	0.0207	95.8	0.0043
75.9	0.1366	80.9	0.0873	85.9	0.0483	90.9	0.0203	95.9	0.0041
76.0	0.1355	**81.0**	0.0865	**86.0**	0.0476	**91.0**	0.0199	**96.0**	0.0039
76.1	0.1344	81.1	0.0856	86.1	0.0469	91.1	0.0194	96.1	0.0037
76.2	0.1334	81.2	0.0847	86.2	0.0463	91.2	0.0190	96.2	0.0036
76.3	0.1323	81.3	0.0838	86.3	0.0456	91.3	0.0186	96.3	0.0034
76.4	0.1312	81.4	0.0830	86.4	0.0449	91.4	0.0181	96.4	0.0032
76.5	0.1302	81.5	0.0821	86.5	0.0443	91.5	0.0177	96.5	0.0030
76.6	0.1291	81.6	0.0812	86.6	0.0437	91.6	0.0173	96.6	0.0028
76.7	0.1281	81.7	0.0804	86.7	0.0430	91.7	0.0169	96.7	0.0027
76.8	0.1270	81.8	0.0795	86.8	0.0424	91.8	0.0165	96.8	0.0025
76.9	0.1260	81.9	0.0787	86.9	0.0417	91.9	0.0161	96.9	0.0024
77.0	0.1249	**82.0**	0.0778	**87.0**	0.0411	**92.0**	0.0157	**97.0**	0.0022
77.1	0.1239	82.1	0.0770	87.1	0.0405	92.1	0.0153	97.1	0.0021
77.2	0.1229	82.2	0.0762	87.2	0.0399	92.2	0.0149	97.2	0.0019
77.3	0.1218	82.3	0.0753	87.3	0.0393	92.3	0.0146	97.3	0.0018
77.4	0.1208	82.4	0.0745	87.4	0.0387	92.4	0.0142	97.4	0.0017
77.5	0.1198	82.5	0.0737	87.5	0.0381	92.5	0.0138	97.5	0.0015
77.6	0.1188	82.6	0.0729	87.6	0.0375	92.6	0.0135	97.6	0.0014
77.7	0.1178	82.7	0.0720	87.7	0.0369	92.7	0.0131	97.7	0.0013
77.8	0.1168	82.8	0.0712	87.8	0.0363	92.8	0.0127	97.8	0.0012
77.9	0.1157	82.9	0.0704	87.9	0.0357	92.9	0.0124	97.9	0.0011
78.0	0.1147	**83.0**	0.0696	**88.0**	0.0351	**93.0**	0.0120	**98.0**	0.0010
78.1	0.1137	83.1	0.0688	88.1	0.0345	93.1	0.0117	98.1	0.0009
78.2	0.1127	83.2	0.0680	88.2	0.0340	93.2	0.0114	98.2	0.0008
78.3	0.1118	83.3	0.0672	88.3	0.0334	93.3	0.0110	98.3	0.0007
78.4	0.1108	83.4	0.0665	88.4	0.0328	93.4	0.0107	98.4	0.0006
78.5	0.1098	83.5	0.0657	88.5	0.0323	93.5	0.0104	98.5	0.0006
78.6	0.1088	83.6	0.0649	88.6	0.0317	93.6	0.0101	98.6	0.0005
78.7	0.1078	83.7	0.0641	88.7	0.0312	93.7	0.0098	98.7	0.0004
78.8	0.1069	83.8	0.0634	88.8	0.0306	93.8	0.0095	98.8	0.0004
78.9	0.1059	83.9	0.0626	88.9	0.0301	93.9	0.0092	98.9	0.0003
79.0	0.1049	**84.0**	0.0618	**89.0**	0.0296	**94.0**	0.0089	**99.0**	0.0002
79.1	0.1040	84.1	0.0611	89.1	0.0290	94.1	0.0086	99.1	0.0002
79.2	0.1030	84.2	0.0603	89.2	0.0285	94.2	0.0083	99.2	0.0002
79.3	0.1021	84.3	0.0596	89.3	0.0280	94.3	0.0080	99.3	0.0001
79.4	0.1011	84.4	0.0589	89.4	0.0275	94.4	0.0077	99.4	0.0001
79.5	0.1002	84.5	0.0581	89.5	0.0270	94.5	0.0074	99.5	0.0001
79.6	0.0992	84.6	0.0574	89.6	0.0265	94.6	0.0072	99.6	0.0000
79.7	0.0983	84.7	0.0567	89.7	0.0259	94.7	0.0069	99.7	0.0000
79.8	0.0973	84.8	0.0559	89.8	0.0255	94.8	0.0067	99.8	0.0000
79.9	0.0964	84.9	0.0552	89.9	0.0250	94.9	0.0064	99.9	0.0000
80.0	0.0955	**85.0**	0.0545	**90.0**	0.0245	**95.0**	0.0062	**100.0**	0.0000

P. P.

	2	**3**	**4**	**5**	**6**	**7**	**8**	**9**	**10**	**11**
1	0.2	0.3	0.4	0.5	0.6	0.7	0.8	0.9	1.0	1.1
2	0.4	0.6	0.8	1.0	1.2	1.4	1.6	1.8	2.0	2.2
3	0.6	0.9	1.2	1.5	1.8	2.1	2.4	2.7	3.0	3.3
4	0.8	1.2	1.6	2.0	2.4	2.8	3.2	3.6	4.0	4.4
5	1.0	1.5	2.0	2.5	3.0	3.5	4.0	4.5	5.0	5.5
6	1.2	1.8	2.4	3.0	3.6	4.2	4.8	5.4	6.0	6.6
7	1.4	2.1	2.8	3.5	4.2	4.9	5.6	6.3	7.0	7.7
8	1.6	2.4	3.2	4.0	4.8	5.6	6.4	7.2	8.0	8.8
9	1.8	2.7	3.6	4.5	5.4	6.3	7.2	8.1	9.0	9.9

IV.
Tafel der Quadrate von 0.00 bis 0.99

	0	1	2	3	4	5	6	7	8	9
0.0	0.0000	0.0001	0.0004	0.0009	0.0016	0.0025	0.0036	0.0049	0.0064	0.0081
0.1	0.0100	0.0121	0.0144	0.0169	0.0196	0.0225	0.0256	0.0289	0.0324	0.0361
0.2	0.0400	0.0441	0.0484	0.0529	0.0576	0.0625	0.0676	0.0729	0.0784	0.0841
0.3	0.0900	0.0961	0.1024	0.1089	0.1156	0.1225	0.1296	0.1369	0.1444	0.1521
0.4	0.1600	0.1681	0.1764	0.1849	0.1936	0.2025	0.2116	0.2209	0.2304	0.2401
0.5	0.2500	0.2601	0.2704	0.2809	0.2916	0.3025	0.3136	0.3249	0.3364	0.3481
0.6	0.3600	0.3721	0.3844	0.3969	0.4096	0.4225	0.4356	0.4489	0.4624	0.4761
0.7	0.4900	0.5041	0.5184	0.5329	0.5476	0.5625	0.5776	0.5929	0.6084	0.6241
0.8	0.6400	0.6561	0.6724	0.6889	0.7056	0.7225	0.7396	0.7569	0.7744	0.7921
0.9	0.8100	0.8281	0.8464	0.8649	0.8836	0.9025	0.9216	0.9409	0.9604	0.9801

FSC
www.fsc.org
MIX
Papier | Fördert gute Waldnutzung
FSC® C083411

Zeitfracht Medien GmbH
Ferdinand-Jühlke-Straße 7
99095 Erfurt, Deutschland
produktsicherheit@kolibri360.de